SOCIEDADE E ESPAÇO GEOGRÁFICO NO BRASIL

constituição e problemas de relação

Conselho Acadêmico
Ataliba Teixeira de Castilho
Carlos Eduardo Lins da Silva
Carlos Fico
Jaime Cordeiro
José Luiz Fiorin
Tania Regina de Luca

Proibida a reprodução total ou parcial em qualquer mídia
sem a autorização escrita da editora.
Os infratores estão sujeitos às penas da lei.

A Editora não é responsável pelo conteúdo deste livro.
O Autor conhece os fatos narrados, pelos quais é responsável,
assim como se responsabiliza pelos juízos emitidos.

Consulte nosso catálogo completo e últimos lançamentos em **www.editoracontexto.com.br**.

Ruy Moreira

SOCIEDADE E ESPAÇO GEOGRÁFICO NO BRASIL

constituição e problemas de relação

Copyright © 2011 do Autor

Todos os direitos desta edição reservados à
Editora Contexto (Editora Pinsky Ltda.)

Foto de capa
Jaime Pinsky

Montagem de capa e diagramação
Gustavo S. Vilas Boas

Preparação de textos
Daniela Marini Iwamoto

Revisão
Beatriz Chaves

Dados Internacionais de Catalogação na Publicação (CIP)
(Câmara Brasileira do Livro, SP, Brasil)

Moreira, Ruy
Sociedade e espaço geográfico no Brasil : constituição e
problemas de relação / Ruy Moreira. – 1. ed., 1ª reimpressão. –
São Paulo : Contexto, 2025.

ISBN 978-85-7244-663-1

1. Brasil – Geografia 2. Geografia física 3. Sociedade – Brasil
I. Título.

11-09626   CDD-918.1

Índice para catálogo sistemático:
1. Brasil : Geografia física   918.1

2025

Editora Contexto
Diretor editorial: *Jaime Pinsky*

Rua Dr. José Elias, 520 – Alto da Lapa
05083-030 – São Paulo – SP
PABX: (11) 3832 5838
contato@editoracontexto.com.br
www.editoracontexto.com.br

*Aires quis aquietar-lhe o coração.
Nada se mudaria; o regimen, sim,
era possível, mas também se muda
de roupa sem trocar de pele.*

(Machado de Assis)

SUMÁRIO

Apresentação 9

Os fundamentos e as fundações 11
    A disponibilização espacial 11
    Os domínios socionaturais do território
    e a coevolução homem-natureza 17
    A economia política do espaço 40

Um domínio rural cosmopolita 45
    O espaço colonial 45
    As casas, os caminhos e as cidades:
    rumando para além do plantacionismo 62
    A subjacência estatal 72

Da fazenda à cidade e à fábrica 79
    A solução federalista e os marcos de valor da transição 79
    A sobrevida plantacionista e o arranjo espacial de transição 87
    Os conflitos de transição 98

A REINVENÇÃO INDUSTRIAL 109
    O espaço molecular 109
    O espaço monopolista 121
    Um contraespaço na sociedade do trabalho: o complexo CSN-VR 130

UM BALANÇO DOS FUNDAMENTOS 137
    A base da base: a relação terra-território-Estado 137
    A totalidade homem-meio 145
    A molecularidade integrada 152

BIBLIOGRAFIA 155

O AUTOR 159

APRESENTAÇÃO

Elabora-se neste livro uma leitura do Brasil a partir das suas determinações espaciais. Tornou-se uma verdade acadêmica dizermos que a sociedade é um espelho do seu espaço assim como o espaço é um espelho da sua sociedade. Mas o que é isso na realidade brasileira pouco temos dito.

Poucas são as obras que têm traçado esse perfil de um ponto de vista lógico-estrutural, seja pelo inusitado do enfoque, seja pela dificuldade do método em se tratando de uma obra de Geografia. Uma área de saber requerente da reunião e interligação de uma diversidade de recortes de espaço que se possa unir num grande mapa sistemático. Não como uma síntese de dados, mais disponíveis e de relativa facilidade de sistematização por meio de programas de geoprocessamento. Mas como uma síntese descritiva e analítica de paisagens.

Por isso, toma-se ainda neste livro a linha do tempo como perspectiva, numa abordagem histórico-estrutural. Com o intuito de, projetando a relação sociedade-espaço para trás e para frente, somar mais ângulos para o exercício da elaboração da ideia de um todo que é preciso. A análise lógico-estrutural é, entretanto, o projeto. De que este livro pode valer como ponto de partida.

A categoria do arranjo espacial é aqui tomada como a categoria de trabalho principal. Busca-se ao longo do texto analisar com base nela os diferentes contextos e momentos em que a sociedade brasileira é determinada em suas estruturas e andamentos pelo modo de arranjo do seu espaço em cada tempo. Trata-se de um conceito que reúne a um só tempo o poder descritivo e de análise. Descritivo das paisagens, que, até ato contrário, é ainda o traço de identidade de um trabalho geográfico. E analítico das estruturas, que é o eixo de amarra da relação de qualquer sociedade com o seu espaço. Partindo do princípio de uma relação determinante-determinado que os informa em sua relação de correspondência e reciprocidade, é a categoria do arranjo que reúne esses dois enfoques, descrevendo a arrumação espacial da sociedade, na conformidade de já estar se fazendo a análise de sua realidade estrutural. Por isso, é, igualmente, uma categoria da totalidade. Com a vantagem de permitir enfocá-la já nas suas ligações com as formas diversas da singularidade que envolve e que a síntese dialética leva a compreender como estados concretos de particularidade. Trata-se de uma categoria introduzida no pensamento geográfico por Jean Brunhes e, depois, atualizada, aplicada e sistematizada por Pierre George.

Dividimos o livro, assim, em cinco partes. Tomado o tema da determinação do arranjo do espaço como referência, a parte "Os fundamentos e as fundações" enfoca os elementos que fundam e fundamentam a sociedade brasileira espacialmente. "Um domínio rural cosmopolita" enfoca o modo como esses fundamentos fundam e erguem a sociedade brasileira a partir de seus alicerces geográficos no período seminal da colônia. "Da fazenda à cidade e à fábrica" investiga os deslocamentos estruturais de arranjo que reafirmam o conteúdo e fundamento desse alicerce, mediando a passagem da sociedade brasileira à modalidade de arranjo com que se instaura a caminho da fase moderna, de que a indústria emerge como o grande agente a partir das interações que vão se dando entre a fazenda e a cidade. "A reinvenção industrial" analisa o arranjo que vem da centralidade estrutural da indústria, a forma como espacialmente organiza a sociedade brasileira e os problemas que enfrenta. "Um balanço dos fundamentos", por fim, realiza o balanço crítico.

Duas observações são aqui necessárias. Este livro é de certa forma um desdobramento das teses levantadas em *O pensamento geográfico brasileiro*, trilogia recém-publicada pela Contexto. Em grande parte é uma aplicação ao quadro empírico brasileiro de muitas das teorias analisadas no primeiro e segundo volumes. E se vale fartamente da diversidade de obras dos geógrafos brasileiros analisadas no terceiro, incorporando ao estudo evolutivo dos arranjos espaciais a descrição das paisagens do espaço brasileiro que elas oferecem em profusão. Da mesma forma que se vale dos estudos que empreendi na diversidade de textos que publiquei, em diferentes livros e periódicos, em distintos momentos, enfocando o espaço brasileiro, que o leitor informado reconhecerá nas páginas dos capítulos com condescendência. Mas aos quais poderá recorrer, seja aos primeiros e seja aos segundos, caso deseje mais riqueza de detalhamentos descritivos e analíticos.

OS FUNDAMENTOS E AS FUNDAÇÕES

A forma de organização geográfica da sociedade brasileira atual tem sua origem na disponibilização que fatia o espaço indígena em grandes domínios de propriedade, instituindo a colonização portuguesa à base de um poder do colono a um só tempo fundiário, territorial e político. Terra, território e senhorio político, num tripé, formam, desde então, a estrutura de espaço sobre a qual se ergue a sociedade no Brasil.

O centro de referência dessa logística é o arranjo de espaço que combina a fazenda e a cidade, à que mais tarde se acrescenta a fábrica, como os entes geográficos por excelência da vida política no país.

Organiza esse arranjo uma economia política do espaço na qual a renda diferencial, com frequência transformada em lei de rendimentos decrescentes, se combina em escala com uma forma-valor no começo pré e depois capitalista, essa combinação respondendo pelo formato padrão de estrutura geográfica da fazenda, da fábrica e da cidade e assim da ordenação do conjunto do espaço.

A DISPONIBILIZAÇÃO ESPACIAL

O colono português encontra o território que irá transformar em colônia povoado por uma diversidade de tribos indígenas cuja soma chega a uma população de mais de cinco milhões de habitantes. Espaço e força de trabalho aí estão reunidos. Há então que disponibilizá-los para o projeto colonial. A começar pela disponibilização do espaço.

Os três primeiros séculos serão dedicados a essa tarefa de disponibilização, realizada por intermédio de uma ação simultânea de expropriação e realocação territorial das tribos indígenas. A expropriação será a tarefa dos bandeirantes. A realocação, dos jesuítas. Disponibilizado, o espaço pode agora ser ocupado pelo colono. E a população indígena dele despojada, usada como força de trabalho. O critério e forma de distribuição vêm com a lei das sesmarias.

O desmonte bandeirante

Três núcleos litorâneos são o ponto de partida dessa ação: São Vicente, Bahia e Pernambuco, arrumados na forma de capitanias.

São Vicente, o ponto de referência da ação bandeirante, é uma capitania onde se distinguem e contrastam a vila de São Vicente e a vila de Santos, no litoral, e a vila de Santo André da Borda do Campo e o Colégio de São Paulo de Piratininga, no planalto, formando dois subnúcleos. O subnúcleo litorâneo tem origem na expedição de Martim Afonso de Sousa, aqui chegado em 1530 com a tarefa de dar início efetivo à ocupação da colônia. De imediato, Martim Afonso de Sousa instala-se no litoral, onde funda em 1532 a vila de São Vicente e em 1545 a vila de Santos, ambas na ilha de São Vicente, nelas implantando os primeiros engenhos de açúcar. Cedo, entretanto, o povoamento transpõe a barreira serrana que separa o litoral do interior, vencendo a serra do Mar e indo fundar no planalto a vila de Santo André da Borda do Campo, em 1553, e o Colégio de São Paulo de Piratininga, em 1554, surgindo o subnúcleo do planalto.

Distinguem-se esses dois polos desde o início pelo conteúdo econômico de suas atividades, o agroexportador da vila de São Vicente, dependente do suprimento de escravos para suas atividades de lavoura e engenho, e o de subsistência do planalto de Piratininga, cuja população logo toma a preação do índio voltada para a venda aos engenhos do litoral também como uma forma de atividade, isto reunindo os dois subnúcleos num cotidiano comum (Monteiro, 1995).

Quatro são as fases dessa preação, do ponto de vista da forma de ação e do alcance das interações espaciais. A fase planaltina é de curta duração. Até meados do século XVI as áreas da preação são a redondeza do próprio planalto de Piratininga e o vale do alto-médio rio Paraíba do Sul.

O esgotamento dessas fontes próximas e a ocorrência concomitante da fusão de Portugal e Espanha na União Ibérica (1580-1640) e a invasão holandesa em Pernambuco (1630-1654) ocasionada por esta união levam o núcleo planaltino a buscar no interior da colônia novas fontes de apresamento, localizando-as nas missões jesuíticas situadas na bacia do rio Paraná. A estrutura de organização superior das missões obriga os preadores a também organizar a atividade de preação de um modo mais eficiente, daí advindo a forma paramilitar bandeirante com que doravante irão atuar e o caráter de um modo de vida que assume a preação. Instaladas em diferentes locais da bacia do rio Paraná desde 1610, é a partir de 1628 que as missões jesuíticas tornam-se objeto da atenção preadora. Iniciadas do lado paraguaio, passam em sua multiplicação para o lado brasileiro, aí surgindo entre 1610 e 1770 as missões de Itatim, localizadas no sul do estado do Mato Grosso, Guairá, no centro e no oeste do atual estado do Paraná, e Tapes, no centro do estado do Rio Grande do Sul, mais tarde surgindo as reduções dos Sete Povos das Missões, localizadas na bacia do rio Uruguai, a noroeste do estado do Rio Grande do Sul. Atraídos pelo grande volume de população indígena aí reunido, os bandeirantes atacam suas reduções numa constância que as leva a desaparecer ou a ter de migrar para novas áreas, numa permanente movimentação pelo vale. O primeiro ataque se dá às missões do Guairá, em 1628, logo após a invasão holandesa à Bahia, ocorrida em 1624, mas é com a invasão e instalação destes em Pernambuco, em 1630, onde os holandeses permanecerão até 1654, que as incursões preatórias às missões jesuíticas se intensificam, desde então se multiplicando. Motiva o bandeirante agora a demanda de escravos índios criada pela intervenção holandesa na Bahia e em Pernambuco, seguida da invasão destes às praças da África, interrompendo o suprimento do escravo negro e desorganizando as atividades regulares dos engenhos. Um problema que se agrava com a declaração de guerra dos habitantes da região dos engenhos aos holandeses com o propósito de sua expulsão, que se arrasta até 1654. Assim, segue-se o ataque a Itatim, em 1632. E a Tape, em 1535. Cada incursão resulta num alto número de apresamento de índios, acompanhado da completa destruição das reduções missioneiras. Mas volume que se reduz a muito menos, diante da alta taxa de mortalidade indígena que ocorre no caminho de volta a São Paulo. Das 13 reduções invadidas do Guairá, 11 são destruídas e duas evacuam, apreendendo-se mais de oito mil indígenas, de um total de 13 mil aldeados, dos quais só 1,5 mil chegam a São Paulo para venda como escravos. Fato que se busca compensar com o aumento do preço de venda e novas incursões. A reação armada dos missioneiros e a derrota dos bandeirantes em Caasapaguaçu, em 1639, e em Mbororé, em 1641, fecham, entretanto, esse ciclo e levam a ação paulista a ter de reorientar sua ação para as tribos indígenas do centro-oeste e norte da colônia.

Entre a fase missioneira e a centro-nortista, porém, há um interregno nordestino. Na verdade, o primeiro de um ciclo de envolvimentos dos bandeirantes com os problemas de conflitos no Nordeste que lavram entre a primeira metade e os fins do século XVII nas capitanias da Bahia e de Pernambuco, aqui com as guerras holandesas e ali com os levantes de índios e escravos negros. Não se trata, pois, de uma ação de preação propriamente, mas de o bandeirante buscar usufruir do benefício de obtenção de privilégios e ganhos materiais oferecidos pela Coroa portuguesa, em troca da ação militar contra holandeses e índios e escravos negros rebelados, em que ao lado de títulos se incluem terras e índios e escravos oferecidos como fruto de butim de guerra. E também de ver vir da Coroa o reconhecimento do seu papel, mesmo que ancilar, e de natureza paramilitar, na formação da colônia, tomando-o por mais habilitado no mister da guerra – como fruto do aprendizado com os índios de sua logística e capacidade de sobreviver no mais hostil dos ambientes – que o próprio Exército regular.

É a incursão pelos ermos do centro e do norte da colônia que vai tomar, no entanto, seu tempo na passagem do século XVII para o XVIII, em que a preação e a busca de minas de ouro e pedras preciosas irão se juntar a ponto de fazer desaparecer a própria figura do bandeirante, transformado em administrador ou minerador à medida que as descobertas de ouro se multiplicam. As primeiras incursões de preação dão-se ainda nos fins do século XVII, coincidentemente com as descobertas do ouro em Minas Gerais, em Cataguases, em 1693, e Sabarabuçu, em 1695. Daí as incursões e descobertas de minas se multiplicam pelos ermos de Mato Grosso e Goiás, tomando Vacaria, no sul do Mato Grosso, como ponto inicial de entrada. Vias de circulação natural, são os rios que têm aqui o papel de caminhos, com o Tietê como eixo de referência. De início, do Tietê passa-se ao Paraguai, Taquari, Coxim, São Lourenço, Cuiabá, chegando-se a Vacaria. Daí se avança para todas as direções. Em 1719 o ouro é encontrado no rio Cuiabá, em 1731 no rio Guaporé e em 1715 no rio Vermelho, em Goiás, fechando-se o ciclo do bandeirantismo.

O remonte jesuíta

Em paralelo à ação de preação e escravização da população indígena, não raro seguida da extinção de suas tribos, liberando seu território para a entrada do colono, vai-se dando a ação relocalizadora do jesuíta, via a política de descimento e aldeamento que a Coroa desde o início institui como sua política indigenista. Embora simultânea, a ação espacial dos jesuítas vai no sentido contrário ao da disponibilização bandeirante. Enquanto a ação do bandeirante é de limpar o terreno para a entrada do colono pela pura e simples extinção das comunidades indígenas, a do jesuíta é a de fazê-lo por intermédio da localização dessas comunidades num ponto do território mais fácil de controlá-las. Se ambas essas ações se combinam como políticas de disponibilização espacial e de força de trabalho, a bandeirante elimina e a jesuíta preserva a presença indígena na colônia.

Os jesuítas chegam à colônia em 1549, junto à comitiva de Tomé de Sousa. Com este primeiro governador-geral chega também o regulamento que estabelece o realdeamento como política indigenista da Coroa portuguesa, a ser implementada pelos padres da Companhia de Jesus. Trata-se de uma filosofia de catequese que visa introduzir na cultura indígena a cosmovisão europeia e cristã, mudando seus valores e forma de relação com o território e o meio, mantida a organização aldeã como modo de vida. A esta pura e simples política de manutenção da aldeia, trocada sua visão de mundo e com a administração nas mãos dos jesuítas, Manuel da Nóbrega acrescenta a instituição do descimento, uma política de desenraizamento da comunidade indígena de seu ambiente, transferindo sua aldeia para locais do litoral e mais próximos do povoado dos colonos.

Posto num meio natural e cultural diferente do seu através da realocação de sua aldeia, entende o padre Nóbrega que se pode mais facilmente levar o índio a trocar sua forma de representação de mundo pela eurocêntrica e cristã, objetivo central de uma política mais ampla que, segundo Nóbrega, visa: converter as comunidades indígenas à fé cristã e ao modo de vida europeu; colocar sua população à disposição como mão de obra disponível para o uso dos colonos nas vilas e portos litorâneos; separar índios "mansos" de índios "bravos" usando da localização dos aldeamentos como anteparo de proteção dos povoados dos colonos; opor uma barreira também à fuga de escravos negros das fazendas e engenhos para áreas de mata circunvizinhas; mas, sobretudo, retirar as tribos indígenas da influência e das ideias de mundo dos xamãs, guardiões justamente do modo espacial de representação de mundo e de vida indígena que colonos, Coroa e jesuítas clamam como o verdadeiro problema.

Antes da instituição da prática dos descimentos, a política dos religiosos era a de ir às aldeias indígenas em missões volantes, ministrar a catequese e voltar ao centro missionário. O efeito passageiro desse ato, sobretudo diante da intervenção subsequente dos xamãs, leva-os a adotar o descimento, combinado ao aldeamento, como forma efetiva de quebrar os vínculos culturais indígenas nascidos do seu ambiente territorial, remanejando aldeias inteiras, às vezes povoadas por mais de 1,5 mil índios. E assim poder trocar a educação xamânica pela vazada nas formas de cultura e representação de mundo do europeu que é dada na escola jesuítica.

O contraste entre a política de razia e escravização bandeirante e a de manutenção e reeducação jesuítica gera, todavia, um estado de tensão permanente entre jesuítas e colonos. A estes parece mais apropriada a política da preação, acusando a ordem dos jesuítas de trabalhar em causa própria. É assim que, visando consagrar a expropriação e a disponibilização espacial como princípio, a Coroa frequentemente é levada a condenar a política de tábula rasa da preação bandeirante e ao mesmo tempo reiterar a de preservação do descimento-aldeamento jesuíta, reformulando, de tempos em tempos, sua política indigenista. Facilita-a nesse propósito a emergência do ciclo da mineração que interioriza a ocupação territorial da colônia, extingue a fase do bandeirantismo e deixa em cena apenas o indigenismo jesuíta, cujo modelo de descimento para áreas do litoral dá lugar à interiorização também dos aldeamentos. Mas é a instituição da política do Diretório, por Pombal, em 1755, o seu ponto de culminância. Os jesuítas são expulsos da colônia, seguido da declaração de autonomia dos índios e de suas aldeias e aldeamentos, abrindo para a entrada dos colonos em suas terras e ao seu uso generalizado como força de trabalho nas fazendas que aí vão surgindo. Criada para ser aplicada aos aldeamentos do Grão-Pará (a região amazônica atual) e Maranhão, e covalidada para o todo da colônia em 1758, a política do Diretório praticamente extingue daí para adiante o descimento, o aldeamento e a própria política indigenista na colônia.

A ordenação sesmarial

A disponibilização do espaço se desdobra na regra que lhe dê nova forma de distribuição e uso. E esta vem na forma da lei das sesmarias. Trata-se de uma lei agrária transposta de Portugal e modificada para adaptar-se às condições próprias da colônia (Lima, 1954; Porto, 1965). Em Portugal a lei das sesmarias é uma lei de concessão de terra, distribuída na observância do seu uso produtivo. Sesmeiro é o outorgante ou fiscal do cumprimento dessa regra de uso. E sesmaria o trato de terra concedido. Na colônia o sistema sesmarial tem no plano formal a mesma característica de concessão, mas a regra de uso serve basicamente para lembrar ao colono o poder doador e gestor real da Coroa, ou seu preposto na colônia.

Isso significa dizer que, expropriado o espaço da população indígena, a terra é declarada bem da Coroa, que como tal pode e é por esta distribuída. A lei da sesmaria é, assim, na colônia, um sistema de doação de terras pelo poder estatal, na condição da comprovação de posses de parte do solicitante e da justificação do fim econômico de uso, priorizando-se a plantação de cana-de-açúcar e a criação de gado, princípio que visa, ao fim, levar a colônia a estruturar-se essencialmente na grande propriedade e na economia de exportação. E, assim, excluir dessa estrutura a pequena propriedade e a possibilidade da sua formação.

É a grande fazenda, de lavoura ou de gado, o ente geográfico ideado para fatiar e ocupar o espaço previamente disponibilizado, a grande fazenda de lavoura tomada como base e critério de povoamento do litoral e a grande fazenda de gado de povoamento do interior.

Ocorre que o instituto do aldeamento jesuíta irá disseminar uma forma comunitária de assentamento fundiário não prevista na lei agrária, mas prevista pela política indigenista da Coroa, assim se instalando, por vias cruzadas, regras de arranjo da política sesmarial e da política indigenista como normas de acesso e uso da terra. Impedida de também formar-se por vias legais, a pequena propriedade acaba, por seu turno, por disseminar-se na colônia através da policultura independente que floresce na fronteira da grande propriedade e na necessidade de suprirem-se fazendas e cidades de meios de subsistência.

Sucede que, ao tempo que de um lado se casa com a lei indigenista, a lei sesmarial casa-se de outro igualmente com a lei territorial. E nesse hibridismo contraditório que se instala, estas três leis se fundem, fundindo terra, território e senhorio político numa espécie de lei de síntese.

A lei das sesmarias chega com a expedição de Martim Afonso de Sousa, portador da outorga da autoridade de conquistar e declarar domínio da Coroa todo território ocupado pelos portugueses, assim, na prática, vindo juntas a lei territorial e a lei da terra, a lei indigenista logo se agregando às duas, ao redor da disponibilização e formação de novo uso do espaço indígena. A lei de terras é aplicada junto à implantação do sistema de capitanias, que divide o território indígena em domínios de donatarias. Donatário maior, o rei de Portugal concede capitanias a seus súditos, esticando a seus donatários, uma vez informado e anuído o rei, o direito de dar terras em sesmaria. Condição que se transfere para o colono, beneficiado com a terra concedida pelo donatário e assim transformado em proprietário e *dominae* de um pedaço de espaço ao mesmo tempo dessa conjuminação de terra e território, vindo a sair o seu real perfil de senhorio.

É assim que todo um movimento de transferência de terras enquanto domínios de poder de territórios vai se dando do âmbito do controle comunitário para o das mãos privadas dos colonos na esteira do desmonte-remonte espacial da ação bandeirante-jesuíta e através da lei fundiário-territorial-indigenista que a Coroa acaba instituindo. Desejasse a Coroa portuguesa implantar a filosofia da lei fundiária, mantida a presença do domínio comunitário indígena, e seria apostar no fracasso do empreendimento colonial. Há, assim, que desapossar e relocalizar em simultâneo territorial e fundiariamente as comunidades indígenas. É essa a função reservada ao papel preador do bandeirante e realdeador do jesuíta. Feito isso, há que complementar este desmonte-remonte com o implante do esqueleto estrutural do novo modelo de domínio de acesso e uso do espaço. E esse é o papel sistêmico da lei de sesmarias.

De resto, interessa à Coroa que a ocupação econômica tenha o formato que lhe renda ganhos certos, seja na forma de parte dos lucros da exportação, como na produção açucareira, seja do dízimo, pago por todos, a grande propriedade trazendo o efeito adicional de assegurar o implemento na colônia de uma base social fiel e correlata ao da estrutura de segmentos sociais de mando da metrópole, o colono proprietário e *dominae*, a quem interessa que a disponibilidade de terra e trabalho seja farta e a autarcia e o mando oligárquico de seus domínios não lhe escapem. Terra, território e senhorio formando um sistema triádico.

OS DOMÍNIOS SOCIONATURAIS DO TERRITÓRIO E A COEVOLUÇÃO HOMEM-NATUREZA

Sucede que essa ação de preação-realdeamento bandeirante-jesuítica implica levar o colono a ter de rearrumar um território socionaturalmente diferenciado em três grandes faixas de paisagem geobotânica (mapa 1) – a faixa costeira de mata tropical, a interiorana de vegetação campestre e a setentrional de mata equatorial –, substituindo pelo seu modo mercantil de ocupação espaços cultural e ambientalmente enraizados nos modos de vida comunitários das tribos indígenas, numa modalidade de relação que mantenha a complexidade de integração morfoestrutural e edafomorfoclimática que cada faixa geobotânica envolve.

MAPA 1: DOMÍNIOS GEOBOTÂNICOS

Fonte: Adaptado de Becker, Bertha K.; Egler, Cláudio. *Brasil: uma nova potência regional na economia-mundo*, 2006.

O fato é que os cinco milhões de habitantes indígenas com os quais o colono português está entrando em contato numa relação de despojamento espacial se distribuem segundo os quatro grandes troncos etnolinguísticos em que se agrupam – tupi, gê (tapuia), caribe e aruaque – e os dois modos de vida em que geralmente se organizam, o agrícola dos tupis e o caçador-coletor dos gês, numa relação sociedade-meio de forte copertencimento com essas três faixas geobotânicas. Na faixa de mata tropical atlântica habitam as tribos do grupo tupi, organizadas num modo de vida agrícola complementarmente combinada a atividades de coleta e caça e somando cerca de um milhão de habitantes. Na de vegetação campestre da hinterlândia habitam as tribos do grupo gê, em geral organizadas num modo de vida centrado na caça e na coleta, também calculadas em um milhão de habitantes. E na faixa de mata equatorial setentrional habitam as tribos dos demais grupos, em que se destacam as tribos dos grupos caribe e aruaque, organizadas em estágios de modo de vida, do agrícola dos grupos caribe e aruaque ao caçador-coletor dos grupos menos evoluídos, somando perto de três milhões de habitantes (Gomes, 1988).

A entrada do colono português com seu modo de vida monocultor e mercantil-exportador por essas três faixas, embora quase numa reprodução do modo de ocupação indígena, com a lavoura ocupando as áreas de mata do litoral e a pecuária, as de formação aberta campestre da hinterlândia, além do extrativismo, as da mata equatorial, gera um novo tipo de enraizamento, movimentando socioambientalmente o quadro de integração da natureza sob novos modos de interligação e arranjo.

Os quadros de interação

Cada uma dessas três faixas de cobertura geobotânica interage de forma correlata com dado substrato morfoestrutural e envolvência pedomorfoclimática, formando distintos estados ambientais de equilíbrio.

E dentro de seus arranjos, por sua vez, cinco grandes paisagens geobotânicas dividem essas três faixas de modo diferenciado, originando um quadro maior de consorciação e compartimentações (Romariz, 1968; Ab'Sáber, 2003).

As três faixas geobotânicas

A mata tropical costeira é uma faixa de floresta latifoliada, úmida, densa e fechada, cuja base de arranjo é um terreno montanhoso, acidentado e de encostas inclinadas em face das quais as plantas se distanciam em sua disputa pela primazia da luz. Cinco estratos de sinusia nela se distinguem. No extremo mais alto estão as árvores de grande porte, que até aí sobem em busca do domínio da luz. São árvores de vinte a trinta metros de altura, caules grossos e poucos galhos nas partes de baixo e média que impeçam seu crescimento em altura, deixando para concentrar a ramagem nas copas, que em geral pouco se tocam. No extremo mais baixo está a sinusia de plantas herbáceas, gramíneas e vegetais de pequeno porte, que cobrem o solo por inteiro, numa profusa diversidade. Uma sucessão de arbustos e árvores de porte médio, rica em diversos tipos de palmeiras e trançados de cipós e lianas, que dão à mata seu intrincado característico, compõe as sinusias intermediárias. Os ventos quentes e úmidos que sopram permanentemente do oceano, levando a umidade e chuvas para o interior, continente adentro, expandem o domínio dessa mata até a bacia do rio Paraná, diferenciando-a em três subformações, em função da perenidade ou deciduidade das folhas nos períodos sazonais menos luminosos e mais secos: a mata perene das encostas litorâneas, a mata semidecídua das áreas planálticas e a mata decídua da bacia paranaica.

A faixa interiorana é o domínio de três tipos da vegetação campestre: a caatinga, ocupando o planalto nordestino, o cerrado, ocupando o planalto central, e os campos limpos, ocupando o planalto e as coxilhas do sul. A caatinga é a rigor uma forma de vegetação de aspectos diferenciados, no geral formada de cactáceas, bromeliáceas, herbáceas, arbustos e árvores baixas, tendo em comum a marca da semiaridez. Ora dispersa em meio a um solo pedregoso e ora concentrada em matas secas, sua formação completa distingue três níveis de sinusia, com extremo mais baixo no nível herbáceo, de densidade em geral rala e extensão descontínua, e o mais alto no nível das árvores, de caule e galhos lenhosos e retorcidos, folhas pequenas, em forma de agulha e decíduas, o nível intermediário sendo composto de cactáceas, bromeliáceas e arbustos, as cactáceas e bromeliáceas quase se confundindo com a sinusia herbácea e os arbustos, com a arbórea. Amarelada, cinza ou pardacenta no período seco, a caatinga subitamente reverdece e muda de fisionomia no período chuvoso, indicando seu vínculo direto com as características climáticas locais. O cerrado, comumente designado por campo cerrado, é por sua vez uma forma de vegetação aberta que ocupa a área central da faixa interiorana, com epicentro em Minas Gerais, Goiás e Mato Grosso. Três níveis de sinusia se combinam na formação do seu perfil. O mais baixo compõe-se da cobertura herbácea alta, em média entre 30 e 50 centímetros de altura, que recobre o solo em extensões contínuas. O intermediário, de arbustos baixos em tudo assemelhado ao visual retorcido e disperso do nível arbóreo. O mais alto, por fim, de árvores de porte médio, raízes longas, troncos e galhos retorcidos e folhas grandes, em geral distribuídas de modo disperso em pequenos capões em meio à imensidão do tapete herbáceo da sinusia inferior. Seu domínio é o topo plano e extenso das chapadas, a planura coberta de vegetação aberta até além da linha do horizonte, compondo a paisagem monótona do seu visual. É uma paisagem, todavia, que comparte aqui com a mata-galeria, longa linha de mata tropical localizada nos vales fluviais, e ali com as manchas de mata tropical localizadas em áreas de terra roxa, solos férteis e de boa drenagem, distinguida em mata de primeira e de segunda classe, além do cerradão, forma de mata arbustivo-arbórea densa e concentrada localizada em pontos dispersos do cerrado, e dos campos limpos e sujos, formação herbácea baixa em geral localizada em áreas de meia encosta, marcando a transição entre as matas galerias e o cerrado propriamente dito. Por fim, o campo é a vegetação das áreas baixas da campanha gaúcha, onde reina num visual absoluto, e elevadas do planalto meridional, onde divide o visual com a mata de araucária, formando com ela dois níveis de sinusia, o pinheiral da mata formando o extrato superior, espalhada em meio à campina do extrato inferior, e o entrecortado das matas-galerias, estas aninhadas nos vales dos afluentes do rio Paraná, por onde descem para se soldar à parte interiorana da mata tropical atlântica nas áreas de planalto do Rio Grande do Sul, Santa Catarina e Paraná.

A faixa setentrional, a última das três, é o domínio da mata amazônica, uma floresta latifoliada, típica da latitude equatorial, densa e fechada. Cinco sinusias estruturam o seu perfil. O estrato mais alto é formado pelas árvores de grande porte, que, em busca do exclusivismo da luz solar, se elevam até atingir a altura de 40 metros, indo assim se caracterizar por seu tronco fino e só ramificado na copa. O extremo inferior, pouco atingido pela luminosidade solar, é formado de herbáceas, sempre envolvidas na penumbra criada pelos demais andares. E os níveis intermediários, formados de arbustos e subarbustos, é o reinado dos cipós, lianas e epífitas cujo entrecruzamento e entrelace com os arbustos e árvores da sinusia superior dão o tom do intrincado da mata. É uma riqueza que contrasta com a pobreza do solo sobre o qual a mata se desenvolve, formado de uma camada de húmus frágil e pouco espessa, proveniente da decomposição dos restos da própria floresta, e variando entre 20 centímetros e 2 metros de profundidade, abaixo da qual encontra-se uma mistura de areia e argila. Enraizadas nesse solo raso, as árvores de grande porte se obrigam a desenvolver raízes adventícias, como a sapopemba, um sistema de raízes aéreas em forma tabular e de base larga, e assim tirar sua sustentação da rede de entrelaçamento dos cipós e lianas dos estratos médios, que, conferindo-lhes uma estabilidade que se desfaz tão logo as árvores que entrelaçam são derrubadas, deixam a árvore que sobra isolada e em ponto de queda. A modalidade da mata vem da diferença de localização, pois, em face da qual diferencia-se em mata de várzea, localizada às margens dos rios e alagada todo ano quando das cheias, onde os solos são mais férteis, a luminosidade chega até as baixas sinusias e as árvores de grande porte atingem suas maiores alturas, mata de igapó, localizada em lugares permanentemente inundados, e mata de terra firme, mais rarefeita e formada de árvores de porte menos elevado, localizada em áreas secas.

A morfologia estrutural

Correlacionadas a essas faixas de forma de vegetação encontram-se abaixo delas, numa forte relação de correspondência, os grandes recortes de morfologia estrutural do país. Abaixo da mata atlântica, e como sua base de sustentação, está a área geologicamente mais antiga e geomorfologicamente mais montanhosa, acidentada e elevada do território brasileiro. Abaixo da vegetação campestre está a sequência de chapadas e planaltos de terrenos de idades geológicas diferenciadas, mas geomorfologicamente semelhantes, que domina a hinterlândia. E abaixo da mata equatorial está a área de subsidência da planície e bacia fluvial amazônica.

No geral, trata-se de uma extensa área pré-cambriana, proveniente dos velhos troncos da fragmentação do Gonduana e formada de dois escudos cristalinos, o guiano e o brasileiro, sobre os quais o tempo foi atuando, erodindo as partes elevadas e depositando o material arrancado nas partes baixas, numa sucessão de capeamentos sedimentares, para assim estruturá-la no seu todo como uma formação geológica-geomorfológica composta de uma base cristalina, parte exumada e parte encoberta por uma camada sedimentar de diferentes idades.

O que indica duas importantes decorrências. Primeiro, o caráter de uma superfície de aplainamento dos planaltos. Segundo, de persistência da distribuição topográfica. O cristalino exumado de hoje domina a parte leste-sudeste e a camada sedimentar que o encobre, a interiorana, esta distribuição de cobertura sedimentar nas áreas internas e cristalino exumado na oriental-litorânea, indicando um passado de inclinação geral do território brasileiro do litoral para o interior e, assim, um formato de altimetria que persiste no tempo. E que têm seu reforço no forte rejuvenescimento do relevo a leste, comprovado pela presença de intensa tectônica quebrante que deu origem às serras do Mar e da Mantiqueira, aumentando a direção geral do carreamento dos sedimentos para oeste que vão dar origem ao relevo de chapadas e depressões cristalinas do centro e, para além, às planícies terciárias do sul (bacia do Paraná) e quaternárias de sudoeste (pantanal matogrossense) e norte (bacia amazônica), todas no rebordo do planalto brasileiro.

Junte-se tudo isso e tem-se confirmado o papel genético dos dobramentos de fundo e da acidentação reflexa dos dobramentos de superfície, enquanto nexo axial dessa morfologia estrutural (Ruellan, 1952).

Num primeiro momento, o Gonduana se fragmenta numa diversidade de blocos. Na sequência, esses blocos se afastam uns dos outros, dois dos quais se deslocam para oeste, vindo assim a se formar os escudos brasileiro e guiano, com este último caminhando mais para o norte. A força que empurra nesse movimento o escudo brasileiro para ocidente e o guiano para noroeste comprime-os e ondula-os fortemente, enrugando-os numa sequência de abaulamentos e depressões, ao tempo que provoca uma basculação no escudo brasileiro que afunda a parte oeste e eleva a parte leste, num diferencial topográfico de inclinação geral de leste para oeste, com a altitude dos terrenos de leste, fortemente elevada em relação à do centro e do oeste. O mesmo acontece com o escudo guiano, mas num enrugamento e diferencial topográfico de sentido norte-sul. O forte trabalho que no escudo brasileiro erode as partes altas de leste e deposita os sedimentos nas partes baixas de centro e oeste origina nestas últimas uma cobertura sedimentar que vai se acomodando sobre os enrugamentos do substrato, reproduzindo-os à superfície e formando um duplo de dobramentos de fundo e dobramentos de superfície que lembra uma relação de imagem no espelho. Este duplo casado determina então o alinhamento geral da geologia e do relevo desse escudo, orientando esse alinhamento num sentido amplo de direcionamento NE-SO que orienta, por sua vez, nessa mesma direção, o quadro geral das cristas serranas e das bacias fluviais. Progressivamente, com o tempo vai surgindo no lugar do escudo, o mesmo sucedendo com o escudo guiano, um extenso planalto. A continuidade da ação erosiva e deposicional, no entanto, agindo agora também sobre as lombadas e depressões dos dobramentos de superfície da cobertura sedimentar do centro e oeste, tende a nivelar o planalto no geral como um todo, num trabalho de aplainamento da parte do cristalino exumado de leste e de extinção dos dobramentos de superfície da parte de centro e oeste que se estende do devoniano ao cretáceo. Substitui esta continuidade, porém, no final do terciário, um intenso movimento de ação de tectônica quebrátil relacionada à orogenia andina, que volta o relevo ao desnivelamento anterior, num restabelecimento do duplo do desdobramento de fundo-superfície que devolve o todo do planalto ao quadro das formas e grandes direções de alinhamentos do passado. O relevo montanhoso de leste se rejuvenesce. E o relevo de dobramentos de superfície do centro e do oeste restabelece a ondulação que vinha desaparecendo. Trata-se agora, entretanto, de o todo do planalto brasileiro adaptar-se a um quadro de fraturas ortogonais alojadas em linhas justamente nos pontos de contato dos abaulamentos e depressões dos dobramentos de superfície, que, ao tempo que leva a recuperar-se o traço duplo dos dobramentos e o diferencial topográfico de leste e centro-oeste, com as partes do leste voltando a ser mais altas e as do centro-este mais rebaixadas, e a ação erosiva naquelas e depositacional de sedimentos nestas, leva o traçado das cristas dos interflúvios e leitos dos rios por sua vez como um todo a arrumar-se agora no modelado ortogonal dessas linhas, com isto dando origem às grandes bacias atuais e à direção em feixe de paralelas com que seus rios orientam seu curso. É quando nova fase de movimento erosivo-depositacional, combinado aos grandes movimentos epirogenéticos de conjunto destinados à acomodação isostática pós-andina do continente, reativa o todo em novos e sucessivos rearranjos, num ciclo de reiteração que se torna permanente.

A morfologia climática

O reflexo dessa reiteração cíclica sobre o todo da estrutura geográfica é a criação de um sistema de reiteração geral que realinha permanentemente, à base dos grandes eixos do relevo, as linhas das bacias hidrográficas e os quadros das arrumações geobotânicas, da qual as ações edafomorfoclimáticas passam a ser os grandes agentes de formatação, numa espécie de ciclos de longa duração.

Cinco grandes grupos de clima são particularmente importantes nesse quadro edafomorfoclimático de grandes correlações, de um lado expressando o movimento das massas de ar que atuam sobre o continente e de outro realizando o trabalho de intemperismo que subjaz a generalidade dos processos de superfície.

O continente sul-americano é o domínio de onze massas de ar, sete das quais atuam sobre o Brasil (mapa 2): a equatorial atlântica (Ea), a equatorial norte (En), a equatorial central (Ec), a tropical atlântica (Ta), a tropical central (Tc) e a polar atlântica (Pa), além da Convergência Inter-Tropical (CIT). A chave da formação e diversificação climática é, porém, a ação combinada da Ec e da Ta, às quais se junta a ação perturbadora da Pa. As demais massas têm um papel de reforço, muitas delas com ação basicamente regional (Nimer, 1979).

MAPA 2: CIRCULAÇÃO NORMAL

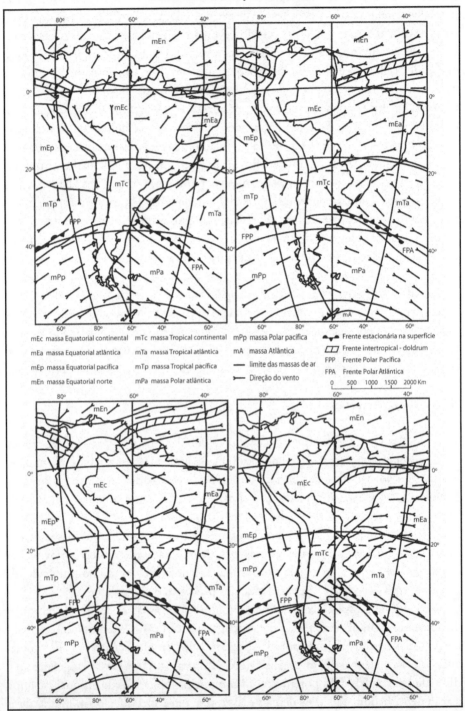

Fonte: Nimer, Edmon. *Climatologia do Brasil*, 1979.

As massas Ec e Ta atuam de modo solidário e em movimento de sentido oposto. No começo do verão a Ec encontra-se estacionária na área do alto Solimões, quando então inicia seu avanço para o centro do planalto brasileiro, rumo leste para o sertão nordestino, sudeste para Minas Gerais e São Paulo e sul para o norte do Paraná. Nessa marcha, vai empurrando a Ea, que por todo o inverno estivera estacionada sobre o Nordeste, e a Ta, que estivera sobre as demais áreas, de volta para o oceano. E traz consigo fortes e constantes chuvas de convecção, tornando o verão uma estação chuvosa em praticamente todo o espaço brasileiro. No inverno, a Ec empreende o movimento de retorno, cedendo terreno para a Ta, mais a Ea, que encontrando o anteparo das encostas serranas que dominam o relevo do leste (a serra do Mar, no caminho da Ta, e a Borborema, no caminho da Ea) e chegando ao interior como massa descendente e ressecante traz chuvas orográficas para a fachada oceânica e estiagem para o interior, tornando o inverno uma estação seca que sucede à chuvosa do verão em praticamente todo o país.

No rebordo desse movimento de dança da Ec e da Ta entra o papel complementar das demais massas de ar. No verão, junto à Ec avançam, vindas do hemisfério norte, a En, entrando pelo continente e aumentando-lhe a força convectiva e daí infletindo para leste para responder pelas chuvas de verão do sertão nordestino, e a CIT, trazendo chuvas para o litoral setentrional do Nordeste. É nesta estação, ainda, indo do Chaco para leste, que avança a Tc, uma massa de ar formada na depressão paraguaio-boliviana pela descida da tropical pacífica (Tp), uma vez vencida a barreira dos Andes, levando ondas de calor para as áreas orientais do Rio Grande do Sul. Bem como, avançando da faixa subpolar, a Pa, que sobe e bifurca-se num ramo para o litoral e outro para a bacia do Paraná, gerando chuvas de frente fria respectivamente no litoral na interseção com a Ta e no interior com a Ec. Subida que no inverno leva-a a dominar todo o Sul, do litoral ao interior e ao topo do planalto, regando a região de chuvas frontais por todo esse período.

Situado quase todo na faixa tropical do planeta, dominam o espaço brasileiro, à exceção das áreas de grande altitude e as subtropicais do sul, as temperaturas sempre elevadas e um regime térmico de estações sempre quente o ano inteiro. De modo que é o regime de chuvas, não esse regime térmico, que diferencia os tipos climáticos. De toda forma, numa classificação climática de poucos tipos e dispostos sobre grandes espaços, contrastam, assim, antes de mais nada, os climas de temperaturas elevadas e chuvas frequentes das faixas florestais da costa atlântica e do norte amazônico e os climas também sempre quentes, porém de verões chuvosos e invernos secos, da faixa campestre do interior, dando em três grandes faixas climáticas que se reproduzem nas três grandes faixas geobotânicas. É dentro desse quadro geral que, pela combinação das variações térmicas e hídricas, se aninha a distribuição ampliada da modesta diversidade climática. E age o quadro das interações da vegetação para baixo com a morfologia estrutural e para a circundância com a edafomorfoclimatologia.

As variações dos perfis de sinusia de uma mesma formação geobotânica têm frequentemente aí sua origem. E sobretudo os processos de intemperismo. O que significa de interações morfogenéticas.

Se a fachada costeira é o domínio do regime de temperaturas elevadas o ano inteiro, sem uma variação verão-inverno rigorosa mesmo no litoral sul, a variação climática é entretanto considerável, produzindo a tríplice variação que difere a mata atlântica em perene, semidecídua e decídua, no sentido da fachada costeira mais quente e úmida para o interior mais elevado e por isso de médias térmicas, luminosidade e precipitações mais pobres. Aqui distingue-se o clima As, de verões quentes e invernos chuvosos e verões secos (uma exceção no país) da zona da mata nordestina, o clima Af, com tonalidades de Am, de verões sempre quentes e chuvas frequentes todo o ano, do trecho litorâneo médio, da Bahia (a região cacaueira do sul da Bahia é Af) ao Paraná, e o clima Cfa, de verões brandos e invernos amenos, e chuvas frequentes, do litoral sul. O Sudeste foge às características desse trecho médio, marcado pela altitude e clima Cwb, tropical de altitude, de chuvas frequentes e invernos mais frios que o da parte tropical, de altitudes menores. Na maioria dessas áreas, a constância geral das chuvas e da temperatura privilegia a ação química do intemperismo. Embaixo da vegetação fechada da mata dominam os mantos de decomposição, sobretudo onde as colinas do mar de morros é predominante, nas quais espessa camada de regolito forma um meio natural de intensa instabilidade. Desfeita a cobertura florestal, tudo fica entregue à ação de fartos deslizamentos de encosta.

A faixa campestre conhece variações climáticas mais radicais. Mas, em contraste, menor variação dos perfis de sinusia. E embora seja uma extensa área afetada pela descida dos ventos ressecantes da Ta, predomina a especificidade do intemperismo químico da lixiviação e laterização, à exceção do sertão nordestino, área de domínio absoluto do intemperismo mecânico. Distinguem-se aqui o clima BSh, sempre quente, de verão chuvoso (com chuvas pouco prolongadas e em torrentes) e inverno estival (de estiagem prolongada), do sertão nordestino; o clima Aw, sempre quente e estações também alternadas de verão chuvoso e inverno seco, com problemas de evapotranspiração atenuados, do planalto central; e o clima Cfb, de chuvas frequentes e verões amenos e invernos fortes, por conta aqui da latitude, do planalto meridional, inserido nessa faixa dada a presença dos campos limpos. São combinações edafomorfoclimáticas distintas, dando em formas diferentes de morfopedogênese. No sertão nordestino a combinação de temperaturas elevadas todo o ano, chuvas torrenciais de verão e invernos quentes e secos resulta no intenso domínio da evapotranspiração e do intemperismo mecânico. Já no planalto central a vez é da correlação de alternâncias que combina simetricamente intemperismo químico e verão chuvoso e intemperismo mecânico e inverno seco, ao lado da incidência anual constante dos processos casados da lixiviação e laterização enquanto formas específicas de intemperismo químico ocasionadas em sua ação sobre o solo do cerrado pela combinação da característica hídrica do clima Aw e da topografia plana das chapadas.

A aparência de simplicidade volta na faixa de mata equatorial. Dominando uma extensão que abarca quase a metade do espaço brasileiro, viceja aí um tipo de clima único, o Af, ladeado de duas variações, o Am e o Aw. Sempre quente e sempre chuvoso, o clima Af desdobra-se no Am, com pequena estação seca de dois meses, e no Aw, já do planalto central, à medida que se afasta da calha central do rio Amazonas para as faixas de periferia, seja ao norte, rumo ao planalto guiano, seja ao sul, rumo ao planalto central. A floresta varia também no sentido da atenuação de sua densidade, mais forte na calha do rio e sucessivamente mais atenuada no mesmo sentido da variação climática. Mas controla e suaviza um intemperismo marcado pela química de lixiviação e laterização, que caminha no sentido inverso, sendo menos intensa no confinamento com o clima Aw e mais ativa de ocorrência do Af.

Não obstante, estão mais para palimpsestos que para quadros de correlação edafomorfoclimática atual estes compartimentos de paisagens. Domina-as uma profusa combinação transistórica de formas, o presente se casando e se explicitando num passado de paleogeografia recente, egressa da última glaciação quaternária.

Domina o continente no plioceno um ambiente semiárido ao qual teve de se adaptar uma diversidade de paisagens morfoestruturais e edafomorfoclimáticas parecidas com as atuais. As primeiras adaptações são das paisagens geobotânicas. Frente às condições climatoambientais dominantes, as formações florestais recuam de suas extensões contínuas para reduzirem-se a um conjunto de ilhas dispersas e isoladas de matas. O cerrado, que de início expande seus redutos, avançando sobre as áreas liberadas pela retração das matas, a seguir recua para ocupar extensões mais discretas. Já a caatinga, ao contrário, sendo a formação geobotânica correlata desse ambiente semiárido, avança continuamente seja sobre o espaço deixado pelo recuo das matas e seja do cerrado, vindo no tempo a ocupar a quase totalidade do continente por todo o período glacial. Em paralelo, o modelado do relevo adapta-se igualmente, acompanhando a completa mudança que ocorre na rede geral dos níveis de base, diante da baixa geral do nível dos oceanos. O oceano Atlântico desce seu nível em cerca de 100 metros, levando o continente a expandir-se sobre a costa rebaixada e a ver alterar-se toda a rede de níveis de base, obrigando as bacias fluviais a um trabalho de escavamento mais profundo dos seus leitos e vales em busca de um nível geral fortemente rebaixado. Assim, intensifica-se o trabalho de desgaste erosivo das montanhas de leste e de depósito de sedimentos sobre os escudos guiano e brasileiro. E a caatinga e os solos de cascalho assumem o domínio da paisagem de um planalto em rápido processo de pediplanação.

No pliopleistoceno volta a se estabelecer o quadro de ambiente quente e úmido pré-pliocênico, levando a paisagem a uma nova adaptação. As ilhas de mata se reexpandem e entram em coalescência, o mesmo se dando com as manchas de cerrado, avançando sobre as interseções e principalmente sobre as áreas de domínio da caatinga, num processo de aqui e ali engolir por incorporação espécies de flora e fauna de outras formações e com elas combinar com as suas próprias na medida da recuperação de suas extensões. É mais lenta a recuperação dos processos edafomorfoclimáticos. Só paulatinamente o oceano retoma seu nível, refletindo no lento restabelecimento da rede dos níveis de base pelo continente. Daí que predominem na reconstituição as formas de relevo relacionadas ao movimento do eustatismo. No litoral predominam os tabuleiros, formados pelo recuo sucessivo do depósito sedimentar, continente adentro. E nas encostas dos grandes vales fluviais, tanto costeiros como do interior, predominam os patamares, escalonados da base para o topo como num vasto anfiteatro, formados pela erosão regressiva. Em consequência, as embocaduras dos rios viram grandes rias, seja no litoral e seja entre os afluentes e o rio principal nas bacias.

A coevolução homem-natureza

O homem chega ao continente nesse momento de recuperação pliopleistocênica. Seus assentamentos vão ser tanto as ilhas de matas quanto as enormes extensões de vegetação campestre então predominantes, com as quais vão interagir num movimento de coevolução. São grupos de caçadores-coletores, chegados através das pontes intercontinentais criadas pela regressão oceânica, com o tempo diversificando-se com a transformação de alguns desses grupos em povos agricultores (Miranda, 2007).

Nômades e seminômades esses grupos de imigrantes influem com essa interação no processo da reconstituição das paisagens, através de suas atividades de caça, coleta e mais para frente lavoura. A localização e a redistribuição das espécies de plantas pelo espaço em reconquista muito vão ter de interferência de seu hábito de acumular ou deixar no caminho sementes e restos da flora, assim ajudando espontaneamente no processo de difusão, dispersão e concentração das espécies. O perfil estrutural e territorial das matas, cerrados, caatingas e campos em reconstituição se combina fortemente com o dos modos de vida dos grupos humanos, natureza e homem, acabando por se confundir em seu processo de formação pelo compartilhamento comum desse convívio de cunho natural-social.

O modo de vida agrícola dos grupos tupis e caçador-coletor dos grupos gês têm essa origem. São tribos indígenas que vêm da evolução daqueles imigrantes do pliopleistoceno, criando seus modos de vida no ritmo e âmbito de coabitação com a reconstituição da flora e fauna das três grandes faixas geobotânicas. Grupos etnoculturais e grupos de formação vegetal surgindo juntos e em intercâmbio. Da lenta relação de coabitação brota a descoberta de plantas, como a mandioca, fáceis de o tupi orientar em sua reprodutibilidade natural, tornando-as ao mesmo tempo uma planta natural e uma planta de cultivo. É assim que esses grupos se sedentarizam e se diferenciam etnolinguisticamente. E ganham a distribuição territorial que os colonos vão conhecer.

As compartimentações e as mesoescalas de espaços de inte(g)ração

O quadro locacional de correlação das estruturas edafogeobotânicas, morfoestruturais, morfoclimáticas e socionaturais produz, contudo, uma compartimentação dessas três faixas numa diversidade maior de ambientes, compondo o universo ambiental plural pelos quais se movem com seus diversos modos de vida, sejam as comunidades indígenas, sejam as grandes fazendas de lavoura e de gado que os portugueses vão instalando.

Os domínios da faixa da mata atlântica

A faixa de mata tropical se diferencia em três grandes recortes.

O primeiro recorte é a área do piemonte e rebordo oriental do planalto da Borborema, a cimeira orográfica do território nordestino. Região subequatorial, diferencia-se morfológica e climaticamente no sentido leste-oeste em três partes: o litoral, o piemonte, dividido por uma alternância de vales e espigões que o cortam em paralelo desde o rebordo até o litoral, e a zona de pediplanos deprimidos, já dentro do semiárido, no domínio da caatinga. São estas três partes a base que divide o Nordeste em zona da mata e sertão, separadas pelo agreste. A zona da mata é a área de domínio da mata tropical, estendida do litoral ao sopé do piemonte da Borborema. O sertão é área da caatinga, interiorana e de planaltos situados entre o rebordo ocidental da Borborema e as chapadas da fronteira oeste, numa área interplanáltica formada de um extenso pediplano. E o agreste é a área intermediária e de transição, seja do ponto de vista climato-botânico, seja geológico-geomorfológico, constituindo-a o rebordo oriental da Borborema, marcada por uma profusa alternância de inteflúvios salpicados de cimeiras úmidas, chamadas brejos, e vales secos (Melo, 1958).

Respondendo por seus traços geobotânicos, morfoestruturais e edafomorclimáticos agem sobre estas três zonas as massas de ar Ea e Ta, complementadas pela ação, a oeste, sertão adentro, da Ec/En, e no litoral setentrional da CIT, a combinação de regime de chuvas trazido por elas e o regime térmico sempre quente determinado pela latitude distinguindo a zona da mata pelo clima. As da zona da mata e o sertão pelo BSh. No inverno, a Ea e a Ta, separadas pelo paralelo de 10º, entram pela região a leste, rumo ao centro do continente, ultrapassando a barreira da Borborema e deixando chuvas orográficas no litoral e subida do piemonte, às vezes com reforço da subida da Pa até próximo daí nessa época e descendo no rebordo ocidental e levando estiagem para a depressão interplanáltica. É a estação da chuva na zona da mata e da seca no sertão. No verão, a entrada da Ec, vinda da Amazônia, avança pela depressão interplanáltica, trazendo chuvas para o sertão, e expulsa a Ea e a Ta para o centro do oceano, trazendo estiagem para a zona da mata. O verão é, assim, a estação de chuva para o sertão e de seca para a mata. E o inverno de seca para o sertão e chuvas para a mata. O verão é a época de chuva também no litoral setentrional, trazida pela descida da CIT.

É na ambiência assim formada que atua a edafomorfoclimatologia. O baixo curso dos rios, protegidos em suas embocaduras em ria por uma linha de recifes transversais, é o domínio das várzeas. Anualmente entulhadas pelos sedimentos trazidos pelos rios que descem do alto da Borborema em feixe de paralelas, transformam-se na época das chuvas em uma planície alagada por toda a parte baixa, de que só as pequenas áreas mais elevadas e permanentemente secas, formadas pela própria sedimentação aluvional, ficam a salvo, aí se refugiando os animais e os homens. Distinguem-se, assim, a planície aluvional, com seus solos ricos em húmus, e os tabuleiros terciários, com seus solos pobres e arenosos, a mata ocupando os solos da várzea e o cerrado, os solos dos tabuleiros. No médio curso os tabuleiros dão lugar a uma sequência de patamares que sobem em degraus encostas em patamares e a várzea a um mar de morros de baixas colinas cristalinas recobertas de um espesso manto de decomposição. O depósito desses sedimentos nas pequenas várzeas que se formam entre as colinas junta-se ao dos que vêm da decomposição do calcário, abundante nas encostas dessa parte da bacia, dando origem a um solo escuro argiloso, o massapê, rico em matéria orgânica e de alta fertilidade, onde preferencialmente vão se instalar os grandes plantios de cana do período colonial. Chega-se ao alto curso, o trecho da escarpa e rebordo oriental da Borborema, domínio da alternância de espigões encimados dos "brejos" e vales ressequidos, os "brejos" marcando a subida da mata tropical até o trecho montanhoso dos espigões, e os vales, a descida da caatinga pelo trecho mais fundo, este entrecruzamento da subida da mata e descida do sertão forjando o caráter de transição da zona do agreste.

Um segundo recorte tem lugar entre o baixo curso do rio São Francisco, na fronteira de Alagoas e Sergipe, e a margem norte do rio Paraíba do Sul, na fronteira dos estados do Rio de Janeiro e Espírito Santo. Aqui domina mais nitidamente a sequência leste-oeste de tabuleiros terciários do litoral e degraus de patamares cristalinos do interior de origem eustática, que vimos no primeiro recorte, servindo de caminho de acesso ao topo plano do planalto da Chapada Diamantina e do trecho norte da serra do Espinhaço. São degraus recortados e entalhados em vales largos e florestados abertos pelos rios que descem para desaguar no oceano Atlântico em grandes rias. Mata e sertão desdobram aqui seus contrastes, com o semiárido e a caatinga atenuando seu rigor à medida que avançam pelo interior até a fronteira da Bahia e Minas Gerais e a mata adensando e diversificando sua flora quanto mais desce o litoral rumo ao sul (Strauch, 1958).

Estamos em pleno âmbito de ação dominante da Ec e da Ta. No verão a Ec traz suas chuvas de convecção para os trechos interiorizados até o alto dos planaltos e as serras, obrigando a Ta a recuar e limitar sua atuação à faixa costeira com as chuvas orográficas que distribui pelos patamares e tabuleiros por todo o ano, comumente reforçadas pelas chuvas frontais da Pa. No inverno a Ta consegue chegar ao interior, para aí levando a estiagem como massa descendente e ressecante. Com o que estimula a subida do semiárido rio acima da depressão são-franciscana, puxando o Polígono das Secas para até a fronteira da Bahia e Minas Gerais. Caatinga e mata tropical então se entrecruzam na faixa de contato dessas massas de ar, formando uma faixa intermediária de mata seca que recobre os amplos pedaços de espaço de topos planos da Diamantina e Espinhaço, reunindo as características edafomorfoclimáticas e de intemperismo da faixa de mata e da faixa campestre num só trecho.

Um terceiro e último recorte, por fim, encontra-se entre as fronteiras do Espírito Santo e Rio de Janeiro até os limites meridionais de São Paulo, domínio da cimeira do Sudeste. Eixo orográfico do território brasileiro, o Sudeste é morfologicamente um antigo arqueamento pré-devoniano, transformado pelo desgaste erosivo em uma ampla peneplanície que em seguida é flexionada, fraturada e sobrelevada no terciário, dando lugar a um relevo apalacheano fortemente rejuvenescido. A tectônica fragmenta a peneplanície numa diversidade de blocos e ganha enorme complexidade. Primeiro pela intrusão alcalina que dá origem, no secundário, ao maciço do Itatiaia. Depois, por efeito da própria fratura tectônica do terciário. A seguir, pelo aspecto que esta fragmentação cria ao transformar a peneplanície numa diversidade de pequenos planaltos de topo de ondulações suaves e entre si separados por uma profusa rede de origem epicíclica de abruptas escarpas de falha e fundas depressões formadas de vales e fossas tectônicas. Por fim, pela ocultação que dissimula a ossatura original realizada por uma enérgica ação de erosão diferencial na forma de pontudas linhas de cristas e cumeadas e de sedimentação de fundo no pleisto-holocênico (Ab'Sáber e Bernardes, 1958).

Em seu todo, disso resulta um enorme alinhamento orográfico em forma de uma letra T, tendo por braços abertos as serras do Mar e da Mantiqueira, emendadas para o norte pelo avanço da serra do Espinhaço, e a perna, meio torta, interiorizada por uma dorsal alongada que se estende da serra da Canastra, ao sul de Belo Horizonte, e elevações cristalinas e sedimentares do sul de Goiás e Mato Grosso do Sul até a chapada dos Parecis, no noroeste do Mato Grosso, separando nesse traçado em diagonal as depressões amazônica e são-franciscana da paranaica, já fora do âmbito deste recorte da faixa da mata tropical.

A condição de cimeira decorre sobretudo da presença das serras do Mar e da Mantiqueira, degraus de falha cuja frente se orienta para o Oriente, voltada para o oceano Atlântico, a serra do Mar enfileirada em linha com a costa marítima, sobre a qual às vezes cai abruptamente, e a serra da Mantiqueira a ela paralela, enfileirada pelo interior. A serra do Mar a rigor é uma série de escarpas paralelas à linha do mar, uma cimeira orográfica alongada do norte do estado do Rio de Janeiro ao sul do estado de Santa Catarina, onde se apresenta como um primeiro degrau de acesso ao planalto do interior. Com a vertente oceânica caindo abruptamente para o mar e o reverso de modo suave para o vale do rio Paraíba do Sul, a serra do Mar separa do lado oceânico a série de pequenas baixadas litorâneas e do lado continental a extensa depressão sul-paraibana, que entulha com seus sedimentos descidos de ambas vertentes. A serra da Mantiqueira forma um segundo degrau. Correndo em linha paralela à serra do Mar ao longo do marco de fronteira de São Paulo com Minas Gerais, sua vertente oriental cai em forma abrupta para o vale do Paraíba e sua vertente ocidental, em forma suave para o sul de Minas. De modo que posto entre a vertente reversa da serra do Mar e a frontal da serra da Mantiqueira, o vale do Paraíba é um ângulo de falha recortado em ambas vertentes por um mar de morros talhado pelos rios que descem em rede dendrítica da serra do Mar e da serra da Mantiqueira. Completa-o um fundo desdobrado ora em alvéolos de solos férteis, como as bacias de Resende e Taubaté, e ora em cânions estreitos.

É nesse todo situado entre o planalto do sul de Minas Gerais, bloco remanescente da peneplanície original, tomado como domínio da vertente interior da serra da Mantiqueira, e o trecho do alto curso do rio Paraíba do Sul, domínio do conjunto de blocos produtos da fraturação, tomado pela serra do Mar para seu topo, e que a profusão de vales e depressões tectônicas corta num traçado de caminhos transversais de sentido litoral-interior, num grande ar de família, que a mata atlântica mais se alarga para dentro do continente e as massas de ar Ec e Ta mais intervêm geobotânica e morfoclimaticamente, em particular pela ação do intemperismo químico, aí muito intenso. Costura esse todo um movimento de circulação normal, onde se combinam e reinam, numa dança de vaivém eterna, as massas Ec e Ta, atravessadas em seu bailado pela Pa. No verão, a Ec, trazendo chuvas de convecção desde a depressão amazônica e empurrando a Ta para o oceano, umedece todo o conjunto, enquanto a Ta, atuante sobre o litoral e a serra, rega de chuvas orográficas a franja costeira. No inverno, a ação é da Ta, em seu avanço sobre o vácuo deixado pelo recuo da Ec de volta para o noroeste da Amazônia, após cobrir de chuvas orográficas o litoral e a barreira das serras do Mar e da Mantiqueira, descendo ressecante e trazendo a estiagem para o mesmo conjunto. De modo que assim se formam três tipos de clima: o clima Af domina o litoral e encostas oceânicas; o Aw, a grande parte do conjunto e o Cw, as áreas de maior elevação. A umidade do ar, todavia, leva a mata atlântica a espraiar-se por todas essas três áreas, aqui e ali cedendo lugar para o cerrado, sobretudo quanto mais se avança para a fronteira centro-oeste. E em consequência os solos a ela consorciados, responsáveis, junto à variação de umidade e luminosidade, em face da diferenciação do relevo, pela sua diferenciação em mata perene nas encostas e semidecídua. O intenso trabalho de intemperismo químico, recobrindo de espesso manto de decomposição o terreno montanhoso das serras do Mar e da Mantiqueira a leste, ligeiramente movimentado do planalto paulista a oeste e de acidentado ao plano do planalto mineiro ao centro-noroeste, dá origem a uma grande diversidade de tipos de solo. O trecho montanhoso de leste é o domínio do solo podzólico vermelho-amarelo. Coberto pela mata atlântica e originado da decomposição de granito, gnaisse e xistos e assim bem desenvolvido e amadurecido, distingue-se por um perfil de horizontes bem diferenciados, com um horizonte A, mais arenoso e de cor mais clara, e um horizonte B, mais argiloso, devido ao acúmulo da argila para ele migrada do horizonte A e por isso espesso e de cor fortemente vermelho-amarelada. Ocupando os trechos dos topos residuais do antigo peneplano e os trechos menos movimentados das áreas intermediárias, é um solo de fertilidade média a elevada. Com ele se alterna e quase se confunde nesse domínio o latossolo, igualmente provindo da decomposição do granito, do gnaisse e do xisto, porém menos desenvolvido e intemperizado, de horizonte A também arenoso e mais claro e horizonte B vermelho-amarelado, mas ocupando, sobretudo, as áreas mais planas e tendo uma fertilidade mais baixa. O planalto ocidental paulista é o domínio desses mesmos dois tipos de solo, mas aqui originados da decomposição do basalto e do diabásio, rochas dominantes neste trecho paulista do planalto meridional, e tendo distribuição mais definida. O latossolo, de cor vermelho-arroxeada e mesmas características de horizontes da parte leste, ocupa os trechos mais elevados dos interflúvios, onde é conhecido por terra roxa. E o podzólico vermelho-amarelo, também com as mesmas características daquela área, e formador da terra roxa estruturada e do bauru superior, ocupa os trechos dos mesmos interflúvios, nos trechos dispostos mais abaixo, rumo à calha do rio Paraná. Solos férteis, são todos historicamente associados à cafeicultura. Já no planalto e nas áreas serranas mineiras, expressando a transição da mata para o cerrado, domina o latossolo vermelho-amarelo associado ao latossolo vermelho-escuro, de horizontes menos desenvolvidos e diferenciados e menor grau de fertilidade. Completam esse quadro, o litossolo, solo pouco espesso e menos desenvolvido e intemperizado, das áreas de encostas inclinadas e oceânicas da Serra do Mar, e os solos de várzea, das pequenas baixadas úmidas, de ampla disseminação pelos vales e trechos litorâneos, e destaque na extensa planície do baixo curso do rio Paraíba do Sul, onde é conhecido como massapê amarelo, solo histórico da monocultura canavieira, de alta fertilidade.

Os domínios da faixa campestre

A faixa de vegetação campestre também se divide em três domínios de recorte.

O primeiro recorte é a área semiárida e de caatinga da depressão interplanáltica do sertão nordestino. Área geológico-geomorfológica das mais antigas, o semiárido é o domínio de um pediplano cristalino engastado como uma depressão interplanáltica entre as terras mais altas da Borborema e as chapadas sedimentares do Meio Oeste. Corta-o uma sequência de baixos interflúvios e vales rasos e de fundo largo, quase indistinguíveis num horizonte de topografia suave e só quebrada pela presença do relevo residual das serras (a rigor longas lombadas cortadas por boqueirões abertos quando da retirada erosiva do capeamento sedimentar que no cretáceo recobria todo o cristalino), inselbergs, monadnocks e chapadões, em geral relacionados a flutuações climáticas de diferentes épocas e que compõem a identidade morfoclimática da depressão (Melo, 1958).

O tom do todo, entretanto, é dado pelo clima semiárido que atravessa toda a depressão com sua paisagem de vegetação e solo marcados pela evapotranspiração e o intemperismo mecânico a esta associado, que vêm de uma combinação nem sempre regular das massas de ar Ec, En, CIT e Ta. No verão as chuvas são trazidas pelo avanço de oeste da Ec e para litoral setentrional da CIT. No inverno, a estiagem é trazida pelo recuo dessas massas e avanço sertão adentro da Ea e Ta, geradoras de chuvas orográficas no litoral, mas ressecamento no sertão. Chuvoso no verão e seco no inverno, mas quente o ano inteiro, o sertão perde grande parte da água que recebe por conta de um escoamento superficial imposto por seus solos rasos e de pouca permeabilidade, quando não é formado diretamente pela rocha cristalina, e pela evapotranspiração. Torrenciais, as chuvas de verão caem em grossas pancadas sobre o terreno, arrastando e espalhando pela superfície os fragmentos de rocha produzidos pelo intemperismo mecânico, disseminando por toda a área um solo de seixos rolados. Praticamente sem horizonte A, arrancado pela enxurrada, o solo em geral é pouco fértil. A exceção é o leito dos rios, onde a água se acumula e uma areia fina vem à tona quando estes secam no inverno. E as áreas mais elevadas do relevo residual, umedecidas pela interceptação dos ventos da Ta, por isso chuvosas e transformadas em ilhas de mata tropical e solo mais espesso, humoso e fértil em contraste com o horizonte seco do sertão. Regular no inverno, a estação seca se transforma no fenômeno da seca quando a Ec e a CIT retardam sua chegada ou recuam para o hemisfério norte precocemente. É quando então as chuvas de verão não vêm, emendando um período de estiagem no outro, às vezes por três anos consecutivos, deixando, como suas grandes testemunhas, a vegetação ressecada e tingida de cinza, os rios evaporados e o solo pedregoso e sem vida.

O segundo recorte é a área do planalto central, de domínio do cerrado, mas também do alongamento dorsal em "T" do Sudeste, diante da qual o terreno se inclina suavemente para o sul, rumo à depressão paranaica, para o nordeste, rumo à depressão são-franciscana, para o norte, rumo à depressão amazônica e para oeste, caindo em abrupto sobre a depressão pantaneira, transformando o planalto no grande dispersor norte-sul das águas do Brasil. Posto entre a cimeira do Sudeste e as terras baixas dessas depressões, o planalto central é a um só tempo ponto de recepção dos sedimentos descidos do leste, e que no passado deram origem às bacias sedimentares paleozoicas e mesozoicas de que as atuais chapadas do Mato Grosso e de Goiás são relevo residual, e de redistribuição, junto aos seus, desses sedimentos para as depressões da periferia, onde vão formar as grandes bacias quaternárias do rio Amazonas, do Pantanal e do rio Paraná, marcando o todo do planalto (Almeida e Lima, 1959).

A imensidão do planalto se reproduz na extensão do cerrado e do clima de estações alternadas de chuva e estiagem resultante da ação contrária das massas de ar Ec e Ta, que aqui encontram seu epicentro de interseção. Quente e úmida a Ec espalha chuvas de convecção por todo o verão no planalto, deixando o inverno entregue à ação ressecante e estival da Ta. Disso resulta um clima Aw no miolo territorial do país, rodeado do Af e Am da Amazônia, BSh do sertão nordestino e Cw do planalto meridional.

Essa conjuminação de extensão contínua arrasta por todo esse centro uma forma de intemperismo químico de lixiviação e laterização que daí se espraia largamente. Vem daí a relação morfoclimática e pedogeobotânica que opõe os solos em geral ácidos do cerrado e os mais férteis das várzeas dos rios e manchas de terra roxa que abrigam a vegetação de mata do planalto. Situado no topo sedimentar e por isso poroso e pouco retentor de águas das chapadas, o solo do cerrado expressa o contraste da escassez da água e da intensa lavagem da lixiviação de que resulta seu alto índice de acidez (pH em torno de 5), agravado por um horizonte A pobre em matéria orgânica, escassa e sempre dissolvida e carregada pela água de infiltração para os lençóis mais profundos, e um horizonte B fortemente endurecido pela laterização, facilmente transformável, assim, numa canga ferruginosa e infértil quando retirada a camada da superfície. Paradoxalmente, tendo que buscar a água a grandes profundidades, suas árvores e arbustos desenvolvem raízes que chegam a 10 ou 20 metros de profundidade, vários metros maior em proporção à própria planta, num contraste com o sistema radicular mais modesto das árvores que as rodeiam nas áreas de mata-galeria e ilhas de terra roxa.

O terceiro e último recorte dessa faixa é a área mista de campos limpos e mata de araucária do planalto sulino, enquadrada em seu conjunto num todo marcado pela presença do planalto arenito-basáltico, visto como o terceiro de um todo de três fragmentos de terras altas. Nítidos no Paraná, onde são designados de "os três planaltos", e menos visíveis em Santa Catarina e no Rio Grande do Sul, onde o planalto arenito-basáltico praticamente se impõe aos demais, estes três compartimentos, mais a serra do Mar, formam o grande substrato do encontro das faixas geobotânicas da mata atlântica e campestre da hinterlândia, mediado pela presença imponente da mata de araucária (Valverde, 1958).

Visto à parte dos três planaltos, a serra do Mar é formada no Paraná e em Santa Catarina, em seu prolongamento final até a fronteira catarinense e gaúcha, por um conjunto de alinhamentos costeiros às vezes em forma de maciços de topo aplainado e às vezes de blocos montanhosos, fortemente escarpados e separados por profundas fraturas tectônicas na face voltada para o mar. Vindo da antiga peneplanície devoniana fragmentada e rejuvenescida pelo tectonismo do terciário, a serra do Mar entrecorta-se aqui das intrusões de efusivas básicas do mesozoico de que se origina o planalto arenito-basáltico, o seu conjunto mostrando-se fortemente alterado pela ação da erosão remontante e diferencial que entalharam-na, encosta abaixo, de inúmeros vales fluviais no trecho catarinense. Na fronteira de Santa Catarina e Rio Grande do Sul ela praticamente desaparece, quando a fachada costeira é tomada pelo avanço da escarpa do planalto arenito-basáltico para o oceano. Vencida a serra do Mar, chega-se aos planaltos. O primeiro planalto é o conjunto de áreas planas de formação cristalina da região de Curitiba. O segundo planalto é o corredor de formação sedimentar paleozoica situado entre a serra do Mar e o rebordo serrano do planalto arenito-basáltico e por isso conhecido por depressão periférica, longa e sinuosa que avança para o sul até a inflexão central do Rio Grande do Sul e para o norte até o limite fronteiriço da serra da Mantiqueira em São Paulo. O terceiro compartimento é, por fim, o planalto meridional propriamente dito, o enorme anfiteatro de camadas sobrepostas de arenito e basalto cercado de "cuestas", chamada serra geral, que descambam em semicírculo desde o Mato Grosso, Goiás, São Paulo, Santa Catarina ao Rio Grande do Sul sobre o corredor da depressão periférica, no geral confundido com a bacia fluvial pelo rio Paraná. Como se fosse um grande "S", avança seu rebordo serrano até o mar na fronteira de Santa Catarina e do Rio Grande do Sul, reduzindo a depressão periférica a uma faixa fina e descontínua de terra e tomando o lugar da serra do Mar, daí infletindo para dentro do território gaúcho junto à depressão periférica, reaparecida através do vale dos rios Jacuí e Ibicuí.

A esse conjunto sobrepõe-se o clima subtropical, distinto no espaço brasileiro por seu regime térmico de verão e inverno alternado e seu regime de chuvas formado da junção das precipitações sazonais vinculadas individualmente às massas de ar Ec, Ta, Tc e Pa que se somam sobre o planalto como se fossem um só. E o quadro geobotânico misto que resulta do casamento desse fundo climático com um substrato de provável origem paleomorfopedogenética. A essência climática é a combinação que por fim se estabelece da Ta e da Pa. A Ta responde pela constância das chuvas orográficas do litoral e escarpas litorâneas, articulando serras e mata tropical, e a Pa das chuvas do planalto, articulando serra e mata de araucária, as demais massas intervindo nessa interseção. A Ec responde pelas chuvas de verão em seu avanço sobre o planalto arenito-basáltico em São Paulo, oeste e norte do Paraná, oeste de Santa Catarina e norte e noroeste do Rio Grande do Sul, integrando no intemperismo químico de decomposição os interflúvios e bacias fluviais da bacia do rio Paraná e a mata tropical até aí estendida. E a Tc, pelas chuvas e calor que traz em sua vinda do Chaco para a interseção com o avanço para leste da Ta no verão, cobrindo de umidade e forte aquecimento a depressão periférica, o pampa e o baixo planalto do extremo sul gaúcho nessa estação. O subproduto é a diversidade dos entrecruzamentos de situações edafomorfoclimáticos que domina o todo do sul. O trecho da serra do Mar, de base cristalina e cobertura de mata tropical, é o domínio de três tipos de solo: nas áreas dos maciços de topografia menos inclinada predomina o latossolo, um solo de horizonte A desenvolvido e horizonte B espesso e profundo, vindo da evolução do regolito aí gerado pela ação do intemperismo químico; nas áreas de escarpa de falha da serra predomina o litossolo, um solo de horizontes A e B mais finos e de fertilidade menos duradoura; enquanto nas várzeas dos rios que correm no fundo dos vales domina o solo humoargiloso. No trecho da depressão periférica e partes do planalto arenito-basáltico, de base sedimentar, os solos diferenciam-se e se diversificam em concordância com o quadro geobotânico. A mata de araucária tem no geral solos precários. O horizonte A vai pouco além de 30 centímetros de espessura, seguido de um horizonte B de cor vermelha e um horizonte C difuso de onde se tira pouco rendimento natural, aí dominando o pinheiro numa sinusia superior com o campo na sinusia do chão, por onde espalha em forma esparsa suas árvores. Os campos limpos em geral têm solos ácidos, arenosos, com pouca matéria orgânica e intensa atividade de lixiviação, dadas a vegetação rasa e a amplidão da topografia plana, e são igualmente pobres, exceto para o pasto, daí vindo a pobreza recíproca da vegetação. Já a mata-galeria tem solos férteis, humosos e argilosos em geral. Mata de araucária, campos limpos e mata tropical, entretanto, coabitam em muitos pontos. A mata tropical divide o espaço dos campos limpos através da vegetação ciliar, não avançando ao topo plano e de solos lixiviados, domínio dos campos limpos, antes descendo para o fundo do vale dos rios. E intervém na relação com a mata de araucária de dupla forma, a da mata mista da vegetação ciliar na forma da qual cerca em círculo a mata de araucária e os campos limpos – envolvendo-os num anel que tem ao norte a mata tropical do planalto de São Paulo, a leste a mata tropical de escarpa da serra do Mar, ao sul a mata subtropical da serra geral adstrita à depressão do Jacuí-Ibicuí e oeste a mata tropical e ciliar da calha do rio Paraná –, e a da mata de araucária latifoliada perene, cujas espécies dividem com o pinheiro a paisagem da sinusia superior. A exceção corre por conta do trecho basáltico tropical e florestado do planalto arenito-basáltico do norte do Paraná, centro e oeste de São Paulo, sul do Mato Grosso do Sul e Goiás, onde a terra roxa brota da ação do intemperismo químico num latossolo de horizonte A escuro e espesso de 1 metro em média de profundidade, horizonte B profundo e espesso em média de 6 metros, cor vermelho-escuro e alta fertilidade.

Os domínios da mata amazônica

A faixa da mata equatorial corresponde, por fim, à enorme e vasta depressão através da qual a bacia do rio Amazonas domina a metade centro-norte do espaço brasileiro. No seu conjunto, é uma ampla e larga calha sedimentar de terras baixas e recentes, estreitas a leste e largas a oeste, numa clara indicação de sua origem anterior ao próprio rio. E assim uma grande depressão espremida entre os escudos guiano e brasileiro de onde descem, em suave declive, mas com enorme poder dissecante, os afluentes da margem esquerda e direita do rio Amazonas. Morfologicamente é, mais ao sul que ao norte, um conjunto de colinas, espigões e lombadas construído sobre patamares escalonados, num eco distante da recuperação pliopleistocênica da rede de níveis locais de base, em degraus de 4, 8, 20, 30, 40, 50 e 100 metros alteados no sentido da várzea quaternária à linha de contato do cristalino e cortados e profundamente encaixados em entalhes consequentes a partir da própria calha do rio Amazonas, com suas margens em barrancos, pela rede norte-sul dos afluentes que nele desembocam em largas rias de água doce (Soares, 1963).

Modelado nesse efeito retroativo dos níveis locais de base quando dos movimentos eustáticos regressivos pliopleistocênicos, só no quaternário entretanto o conjunto da depressão amazônica morfoclimaticamente se define. E já como um encaixe de uma sucessão de reordenamentos do arranjo natural que remonta à fragmentação gonduânica. Do mar interior de inclinação leste-oeste do período pré-mesozoico ao lago fechado do terciário e à bacia quaternária de inclinação oeste-leste, a depressão amazônica passa por vários estágios – bacia de distintos extratos sedimentares acamados no percurso do paleozoico, depressão fartamente geoclasiada em fraturas, falhas e grabens que os rios aproveitam para cavar os seus vales na era terciária e grande vale fluvial aberto para o Atlântico pela grande fossa tectônica da ilha do Marajó – a depressão amazônica é um acúmulo de diferentes temporalidades.

Guarda o segredo desse trajeto de aparente uniformidade de morfoestrutura, morfologia climática e edafobiogeografia a riqueza de paleoformas que a homogeneidade fisionômica da floresta mal esconde em sua vegetação clímax, fruto de um quadro climático na aparência também homogêneo. Pois tudo aqui parece determinado pelo regime de chuvas da Ec. Recuada, junto ao retorno da En e da CIT para o hemisfério norte, para seu nicho permanente localizado no alto curso do rio Solimões, aí ela se instala no inverno, ocasionando chuvas por todo o vale. No verão, puxando consigo a En e a CIT de volta para o hemisfério sul, daí avança pelo planalto central, à caminho do Sudeste e do Sul, despejando chuva por todo o espaço brasileiro, quando, então, de novo recua no inverno para o noroeste, restringindo as chuvas de novo ao vale. Dessa dinâmica diferencial de chuvas deriva a diversidade dos climas, da própria mata, da morfologia e dos solos. A mata varia por sua densidade de flora e fauna em mata de várzea, da calha mais chuvosa, e mata da terra firme, da área dos patamares. E os solos distinguem-se, numa relação de correspondência, em solos de várzea, úmidos, argilosos e múltiplos, diversificado em sua composição química em face dos sedimentos vindos de toda parte que reúne e que os renova anualmente, a cada nova cheia do rio, por isso aí se localizando a mata mais densa e rica sinusia, e os solos dos patamares, arenosos e friáveis, e por isso alojadores de um tipo de mata menos densa e estratificada, facilmente dominável pela lixiviação e transformável em canga quando esta mata é mais rala ou derrubada.

Os arcos de integração

São domínios de compartimentos de paisagem coevolutivamente conhecidos pelas etnias indígenas e que virá a conhecer o colono português com seus modos de arranjo e uso distintos. Ab'Sáber designa-os, respectivamente, domínio dos chapadões centrais recobertos dos cerrados, cerradões e campestres, domínio das depressões interplanáuticas semiáridas das caatingas do Nordeste, domínio dos "mares de morros" florestados, domínio dos planaltos de araucárias e domínio das coxilhas subtropicais com formação mista das pradarias (Ab'Sáber, 2003). E que em si embutem tanto o modo indígena quanto o colonial de arranjo espacial numa relação de correspondência em que o domínio dos "mares de morros" florestados da faixa atlântica é o da área de ocupação tupi e de lavoura colonial; os domínios das depressões interplanáuticas e semiáridas das caatingas do Nordeste, dos chapadões centrais recobertos dos cerrados, cerradões e campestres e das coxilhas subtropicais com formação mista das pradarias são os da ocupação tapuia e pastoril; e o domínio das terras florestadas da Amazônia, o da ocupação das múltiplas tribos e extrativismo. Âmbitos de comparação de distintas economias políticas do espaço (mapa 3).

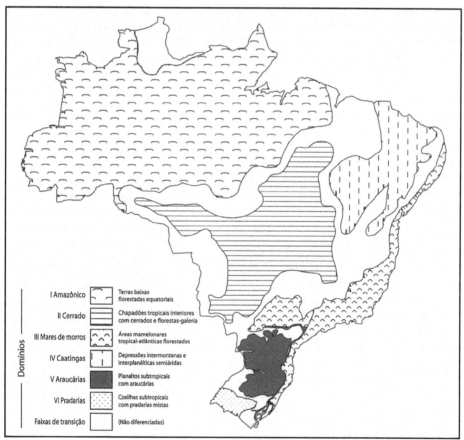

MAPA 3: DOMÍNIOS GEOBOTÂNICOS E CLIMÁTICO-MORFOESTRUTURAIS

Fonte: Ab'Sáber, Aziz. *Os domínios de natureza no Brasil: potencialidades paisagísticas*, 2003. [O título do mapa foi adaptado.]

A ECONOMIA POLÍTICA DO ESPAÇO

Vem de Waibel a percepção da relação de ocupação diferencial do espaço brasileiro pela colonização portuguesa, a mata ocupada pela lavoura e o campo pela pecuária, numa consorciação geobotânica-economia política do espaço que o preocupa, ao observar os malefícios de tão radical dissociação espacial lavoura-gado. E ao mostrar, numa exposição didática da teoria do uso da terra do ricardiano Von Thünen, a força determinante da renda diferencial na origem e movimentação desse arranjo (Waibel, 1958).

Sem dúvida, é assim até que com a urbano-industrialização a renda diferencial I dá lugar à renda diferencial II e a forma histórica de ocupação do espaço inverte seus sinais, com o gado entrando nas áreas de mata devastada e a lavoura, nas de campos corrigidos de suas insuficiências de fertilidade. O fato da monocultura, contudo, intervém repisando os termos da lei de Ricardo.

A renda diferencial atua transformando-se numa lei dos rendimentos decrescente de alto poder de itinerância, reforçada na presença da forma-valor congenial do mecanismo do sobretrabalho. É assim que se pode dizer que a lei da renda diferencial/rendimentos decrescentes age através da regência da relação do homem com o meio natural. Uma relação de plano macro. Ao passo que a forma-valor, pré-capitalista e capitalista, age através da regência da relação homem-espaço-natureza. Uma relação de plano micro. Assim se conformam os termos estruturais da totalidade homem-meio.

O plano macrodiferencial/decrescente do metabolismo ambiental

A renda diferencial de localização determina o ponto local da ocupação do espaço. E a renda diferencial de fertilidade, o ponto ideal da localização, consideradas as distintas alternativas de possibilidade. Nem sempre o lugar posicional assim escolhido é o de melhor localização e solo fértil, contudo. De modo que a lei do arranjo é a que melhor contemple a combinação dessas necessidades, dada a relação em geral conflitante de localização e fertilidade. Assim, quanto mais compatíveis a melhor localização e o solo mais fértil, melhor a escolha. Melhor, se neutraliza os efeitos perturbadores da lei dos rendimentos decrescentes que está no âmago da renda diferencial como condição de possibilidade.

Sendo uma economia de exportação, busca-se a localização mais próxima do porto marítimo, onde seja menor o custo do deslocamento. E, simultaneamente, o solo cuja fertilidade propicie o maior rendimento com o menor gasto de investimento possível. A monocultura é, todavia, uma atividade esgotante da terra. O que força a permanente mudança de lugar. É, assim, pedológica e locacionalmente mutante. O que significa tendente a deslocar-se com frequência para áreas de solos de menor rentabilidade e nem sempre bem localizadas. Quando a lavoura migra de uma área esgotada para outra virgem, busca nessa troca manter-se num solo de mesma qualidade, ou qualidade imediatamente inferior, se o primeiro não é mais localmente encontrado. E com a mesma compatibilidade de tempo de deslocamento. Há, no entanto, nesse lugar novo o mesmo característico de provisoriedade que guardava o velho. Num ciclo que se repete eternamente. O que leva a lei dos rendimentos decrescentes a assumir com frequência o lugar da renda diferencial na condução da dinâmica do arranjo. E a reativar toda vez a dificuldade de compatibilizar localização e fertilidade como par intrínseco da lei da renda diferencial.

A ocupação colonial dá-se inicialmente nos núcleos vicentino, baiano e pernambucano. E, neles, nas várzeas dos rios, à beira da linha marítima da localização portuária. Na Bahia e em Pernambuco, onde com o tempo a economia canavieira se concentra, frente o fracasso da experiência com vicentina, a altíssima fertilidade do massapê compensa o problema da localização, cada vez mais interiorizada, resolvendo-se o problema com a abertura de portos à beira do rio e chamando para aí a localização do canavial e do engenho. O tempo foi afastando, todavia, os centros de produção dessa combinação solo-localização apropriada, num adentramento vale acima, rio adentro, de custos crescentes. Este fato concorre para o uso de solos mais pobres, como os arenosos e pobres dos tabuleiros terciários e os pouco profundos das encostas, de origem cristalina, à base de tecnologia, isto é, da renda diferencial II, buscando-se agora compensar a pobreza do solo com a excelente localização litorânea. Agrava o problema agora, porém, o encarecimento da lenha, dado o rápido desaparecimento da mata.

O salto para o Sudeste vai encontrar o mesmo movimento de itinerância e conflito da relação fertilidade-localização com a lavoura cafeeira. A monocultura é empurrada das áreas de fertilidade mediana das cercanias litorâneas da cidade do Rio de Janeiro e das encostas fluminense, mineira e espírito-santense do vale do Paraíba para as de altíssima fertilidade da terra roxa e do bauru superior presentes no planalto paulista, numa compensação da localização absolutamente distante do porto marítimo.

Com o tempo, assim como na área canavieira dos solos de massapê da zona da mata nordestina, a renda diferencial puxa a monocultura para localizações distantes e solos menos férteis, a lei do rendimento decrescente empurrando a cafeicultura para localizações e solos cada vez mais distantes da costa e custos cada vez mais altos. Isso gera um conflito de leis espaciais que o cafeicultor tentará sanar com a substituição do transporte de burros por meios modernos de transferência (transportes, comunicações e transmissão de energia), buscando burlar com a tecnologia da era urbano-industrial a regência da renda diferencial I, passando-a para a diferencial II, porém numa continuidade da monocultura, o tropeço condenado por Waibel.

O plano pontual/global do valor-trabalho

A forma-valor atua como gestora dessa contradição, administrando-a no ponto onde se manifesta sua tensão polar, a elevação do custo, através da interferência no mecanismo da reprodução social da força de trabalho das fazendas de lavoura.

O eixo de referência é o binômio grande lavoura de exportação e pequena lavoura alimentícia, fazendo-o intervir tanto na fase colonial quanto na pós-colonial. A grande lavoura é a monocultura e a pequena, toda a pletora de formas de policultura de subsistência. É este binômio, que se integra de modo orgânico e não dual e estanque, que se ordena pelas relações mais pontuais da renda pré-capitalista e, mais adiante, pela forma valor-trabalho (Furtado, 1972; Oliveira, 1972).

A forma-valor do período colonial é transparente no visual do arranjo da paisagem. A monocultura ocupa os lugares estabelecidos pela ação combinada da renda diferencial de localização e de fertilidade, vigiada de perto pela sua tendência de converter-se em lei dos rendimentos decrescentes; e a policultura, os lugares dispensados pelo produto nobre. Cabe à policultura a tarefa de garantir a reprodução da força de trabalho da monocultura a custos baixos, com o detalhe de ser praticada por essa própria força de trabalho, na modalidade em que é feita dentro da grande propriedade, barateando para o capital os custos gerais de reprodução da monocultura, policultura e monocultura se localizando e interagindo dentro do arranjo espacial como espaço do tempo de trabalho necessário e espaço do tempo de trabalho excedente, respectivamente.

Para garantir-se, o capital plantacionista cria duas distintas formas de policultura: a dominial, localizada na fronteira interna da grande propriedade e praticada pelos próprios escravos mais os agregados, e a independente, localizada na fronteira externa e praticada por um campesinato posseiro.

O binômio perde importância estrutural e mesmo desaparece quando, com o advento urbano-industrial, é o sistema aberto de mercado que passa a regular a reprodução seja da força de trabalho, seja do capital no seu conjunto, a lavoura de produto alimentício surgindo como agricultura comercial em vários lugares simultaneamente. Intermediadores mercantis para aí se deslocam comprando os produtos alimentícios para repasse aos consumidores, num ritual de compra e revenda de mercado de que faz parte a própria massa trabalhadora, adquirindo-os como meios de subsistência no mercado através seu próprio salário.

É a forma-valor capitalista aqui intervindo, ordenando o arranjo do espaço agrário como um espaço da mais-valia absoluta e, mais adiante, da mais-valia relativa numa reprodução das duas formas temporais com que o capital organiza sua reprodução no ambiente urbano fabril. A primeira corresponde à estrutura ainda extensiva da produção industrial. A extensividade da produção do excedente na fábrica se repassa para a organização da produção de matérias-primas agrícolas e meios de subsistência, lavoura e pecuária se organizando também de modo extensivo, caracterizando-se sua organização espacial por uma multiplicação das áreas de cultivos comerciais, impulsionadas pela fronteira agrícola em rápida expansão. É a organização espacial de regência da renda diferencial I com sua frequente transformação na lei de rendimentos decrescentes, do período do espaço molecular. A segunda corresponde a uma estrutura intensiva da produção industrial. Aqui é a escala de produtividade que é repassada via renovação tecnológica constante da indústria para a lavoura e a pecuária, através da substituição do arranjo molecular da renda de localização e fertilidade da renda diferencial I pelo arranjo dos circuitos de áreas de produção especializadas, acoplados a circuitos de circulação da renda diferencial II. É o período do espaço monopolista.

UM DOMÍNIO RURAL COSMOPOLITA

Sobre a base da relação terra-território-senhorio, regente de uma nova estrutura de relação homem-espaço-natureza, ergue-se uma sociedade rural com as janelas da casa-grande abertas para a entrada dos traços culturais de um mundo em franco caminho de integração. Os laços agromercantis sobre os quais esta sociedade se estrutura fazem dela a um só tempo senhorial e burguesa. Senhorial nas relações para dentro. Burguesa nas relações para fora.

Três séculos vão ser necessários para essa plasmagem. No final do século XVIII já se pode vê-la nos seus traços essenciais. Mas se há clareza nos alicerces, não há nas tendências e desejos de superestrutura.

O ESPAÇO COLONIAL

O espaço colonial é uma criação da fazenda. A fazenda de lavoura nas áreas do litoral e encostas serranas cobertas de mata atlântica e a fazenda de gado nas do interior cobertas de vegetação campestre. Tanto a fazenda de lavoura quanto a fazenda de gado ocupam o espaço que centralizam de forma nuclear e dispersa, distando e separando-se uma da outra, tanto na costa quanto na hinterlândia, por largos tratos de espaço. Em paralelo, a extração das drogas ocupa as áreas de mata equatorial da Amazônia. Amplamente disseminados entre elas, multiplicam-se as áreas de policultura, os eixos de circulação, as vilas e as cidades.

Decorre desse arranjo a distribuição territorial da população. Calculada em três milhões de habitantes no final do século XVIII, a população colonial concentra-se em

60% nas áreas litorâneas e de encosta serrana, os 40% se distribuindo pela hinterlândia, num contraste litoral-sertão.

A centralidade plantacionista

É a fazenda de lavoura, estruturada numa *plantation*, a base central do arranjo. Todas as demais frações da organização, inclusive a fazenda de gado, a ela se acoplam, num agregado estrutural global. Quebra esta centralidade o *intermezzo* relativamente curto do ciclo mineiro.

Formada pela combinação da fazenda de lavoura e do engenho, a *plantation* açucareira tem, assim, antes e depois da mineração, a centralidade do todo do arranjo do espaço em todo o período colonial, agregando em seu movimento todas as demais frações espaciais.

O arranjo espacial geral

Durante todo o período colonial é por excelência a lavoura da cana-de-açúcar o epicentro do todo do arranjo do espaço. E assim, junto ao engenho, o ponto de partida da fundação da colônia no correr dos séculos XVI e XVII através dos núcleos vicentino, baiano e pernambucano. É em função de suas demandas de consolidação e sucesso que a Coroa concentra toda sua atenção e capacidade de ação organizativa, exceção feita ao período do ciclo da mineração, mas a ela voltando tão logo este ciclo termina.

Isso porque é a *plantation* o objeto dos financiamentos de capital e do tráfico de força de trabalho escrava e da implantação do perfil de ocupação, que daí se difunde para o todo da colônia (Gorender, 1978). É com ela que se inicia a quebra do arranjo espacial indígena então existente, instituindo em seu lugar um padrão geográfico de relação homem-espaço-natureza divorciado e alheio aos valores comunitários daquele. Enquanto as comunidades indígenas se organizam por dentro e na ambiência da coevolução com o meio, centrando a relação na regulação geobotânica, o plantacionismo se organiza numa relação externa e por cima, por eliminação e substituição da regulação do valor de uso e geobotânica pela do valor de troca e do mercado, regendo-se pela lei do rendimento decrescente e da renda diferencial.

Tomando Waibel por base, Gorender lista como suas principais características a especialização na produção de gêneros comerciais destinados ao comércio mundial, embora não constitua uma organização mercantil em sua totalidade; a estruturação do trabalho na lógica rígida e disciplinar do escravismo; a organização monocultural, em grande escala e à base de elevado investimento da produção; a conjugação do cultivo agrícola e do beneficiamento industrial do produto, nunca constituindo, por isso, uma unidade produtora puramente agrícola. Acrescente-se a isso a itinerância, o movimento de relocalização dos plantios que desmata e desarruma a relação fitoestásica existente, o deslocamento migratório sobre áreas de mata novas e mais distantes do litoral, a crescente escassez de lenha para os engenhos e o aumento contínuo dos custos de transporte.

    O arranjo espacial é o retrato dessas características. Mas é a natureza escrava da força de trabalho o centro de referência da arrumação desse arranjo, ordenado numa estrutura de renda fundiária de cunho pré-capitalista com um fundo de relação mercantil. Isso porque o sobretrabalho escravo é a razão mesma do empreendimento plantacionista, o todo do sistema colonial girando em torno da produção-expropriação-circulação do seu excedente. A monocultura, por isso mesmo, não é mais que uma forma de atingir-se uma alta taxa de sobretrabalho. E o monopólio da terra, em simbiose com o número de escravos, em que este número é o critério do acesso daquele, sua garantia. E a razão também do fato de a policultura e outras atividades girarem ao seu redor. As formas e os processos da organização do espaço são, então, o correspondente estrutural das relações e articulações de reprodução do sistema plantacionista.

    A localização é a expressão disso. O conjunto da *plantation* ocupa o vale dos rios, avançando sobre várzeas e patamares, tanto no núcleo de São Vicente quanto da Bahia e de Pernambuco. O domínio da paisagem é da monocultura. É dela a área de melhor localização e fertilidade do solo. E é ela que empurra a policultura para os solos de menor importância. Na Bahia e em Pernambuco é o massapê seu solo de referência. Na Bahia localiza-se ele nas várzeas do baixo curso dos rios do fundo do recôncavo. Em Pernambuco, entre as baixas colinas do mar de morros do curso médio. Dentro do espaço da monocultura distingue-se, por sua vez, a área do canavial dos senhores proprietários de engenho e a do canavial dos senhores sem engenho, estas diferentes áreas se mascarando na paisagem pela homogeneidade do visual. Dois distintos polos de referência centram, todavia, a arrumação e a dinâmica desse arranjo: o engenho (a indústria do açúcar) e a casa-grande.

    O engenho é a referência econômica do arranjo. Localiza-se à beira do rio, junto ao porto fluvial, trazendo o canavial e as áreas de policultura para sua redondeza, a monocultura do dono do engenho na circunscrição imediata e a dos demais senhores na circunscrição mais distante (Canabrava, 1966). Completam essa paisagem as instalações principais, os pastos naturais, com os animais usados no transporte e moagem de cana, além das instalações acessórias (oficinas, estrebaria etc.), olarias (igualmente situadas nos terrenos argilosos e voltadas para fornecer telhas, tijolos, cerâmicas, utensílios domésticos e peças de purgação do açúcar no engenho), pastagens de animais de corte e leite, vias de circulação e reservas de matas, alargando o arranjo num amplo espectro de concentricidade ao engenho (Abreu, 1976). Mas é a casa-grande o centro social desse arranjo. Ampla, alpendrada e situada num ponto estratégico da panorâmica do vale entre os prédios do engenho, da capela e da senzala, além das demais instalações, e acima do extenso canavial, é ela o *panopticon* de onde o senhor espreita todo o seu domínio (Freyre, 1973).

A escala do todo transborda, todavia, desses limites, amplificado para as relações de domínio interno e externo da colônia. O plano interno inclui suas relações de centralidade com o espaço pastoril sertanejo, fornecedor de alimentos (carne) e matérias-primas (couro) para utensílios e artesanato; as pequenas lavouras de subsistência independentes, que suprem as cidades e o sistema do engenho com alimentos em caráter complementar; os centros urbanos locais, que atuam como canalizadores da realização do sobretrabalho da colônia para a esfera da metrópole. Já o plano externo inclui as praças africanas fornecedoras de força de trabalho escravo; os centros de consumo e realização do sobretrabalho; e os centros urbanos e manufatureiros europeus, que fornecem o crédito e as mercadorias importadas e dão o marcado tom de cosmopolitismo que caracteriza a fazenda dentro do mundo rural.

A implantação de uma *plantation* implica, assim, a exigência de elevado investimento de capital. Embora o montante das despesas correntes (gastos com salários e meios de subsistência dos escravos) seja baixo, o das inversões fixas (madeira, bois, cavalos, metais, escravos, barcos etc.) e gastos de reposição (atividades de manutenção da capacidade produtiva do engenho) é muito elevado, somando um volume nem sempre acessível a todos os senhores de escravos (Castro, 1980).

Acrescente-se o custo da contínua relocalização, diante do esgotamento da terra e a consequente itinerância que distancia a lavoura dos portos fluviais mais próximos do litoral, gravando o montante dos investimentos. E ainda a alta exigência de recursos do meio (água, solo fértil e lenha) e de posição no espaço (posição litorânea) que determina os parâmetros da localização e do arranjo. Estar próximo à mata é assim tão vital quanto ao rio e ao porto, sobretudo no período de safra, quando as fornalhas consomem lenha em grande escala ao longo de oito a nove meses.

Mas é a itinerância o nó do problema do custo, fonte do seu caráter cíclico. Além de o consumo esgotante do meio ter um efeito competitivo negativo, mudar de localização ou expandir o plantio da cana para solos ainda virgens dá novo alento à economia, mas num desafogo de fôlego curto. Logo a fertilidade da nova área declina, determinando a migração para um lugar geralmente mais distante. E, assim, o custo do afastamento do porto marítimo seguidamente aumenta. Além de que cedo escasseiam as áreas de solo fértil, tendo o agricultor que apelar para áreas de solos mais pobres. De modo que a classe senhorial assim acaba por mover-se numa linha de rendimentos decrescentes que encarece crescentemente o cultivo e o transporte. E engendra a escassez dos demais elementos do meio, em face da devastação e do distanciamento das áreas de mata virgem.

A solução para ele é, então, a transferência dos custos para seus vizinhos, sobretudo para os setores que contribuem para a baixa do custo da reprodução da força de trabalho escrava, via meios de subsistência, em particular a policultura, seja a policultura dominial, seja independente, além da fazenda de gado. De início busca o senhor abastecer-se com a pequena lavoura dominial, a policultura praticada pelo escravo e pelo agregado nas fronteiras internas da fazenda nos dias de domingo e feriado. A seguir, serve-se da pequena lavoura independente e da fazenda de gado, enquanto uma grande fazenda de produção de meio de subsistência, complementando a produção da pequena lavoura escrava e agregada. É sobretudo na época de safra e grande demanda de mercado, quando o trabalho de plantio, colheita e moagem de cana leva o senhorio a mobilizar todas as terras e força de trabalho disponíveis, que a dependência da policultura independente aparece. Época, então, de carestia para as cidades, que também nela se abastecem. Mas também em que a função colonial da policultura e da fazenda de gado mostra toda sua grande importância, de um lado por cobrir as necessidades de subsistência da *plantation* e de outro, as demandas das cidades. E quando o papel do binômio monocultura-policultura se revela central no funcionamento sistêmico da colônia.

No fundo é esta relação para dentro, sustentada na transferência para os vizinhos dos custos da produção do sobretrabalho, a relação que permite ao senhor a margem de ganho que extrai da cadeia de partilha do excedente da relação para fora da *plantation*. Uma primeira partilha é feita ainda na esfera interna da relação entre os senhores, em benefício dos proprietários de engenho-fábrica: estes cobram de 50% a 60% dos lavradores de partido, na forma de pães de açúcar, como pagamento dos serviços de moagem. A segunda se dá na esfera da relação dos senhores com a classe dos intermediadores mercantis, envolvendo a transferência para as mãos destes de duas cotas, dado o modo como é feito o pagamento das compras do açúcar nos portos da colônia. Como os comerciantes só pagam a compra do açúcar aos senhores quando da revenda do produto nos mercados externos, surge entre a revenda e o pagamento um período de falta de liquidez, que é coberto então com empréstimos aos senhores pela classe mercantil, a ser pagos com juros, a classe mercantil expropriando dos senhores, assim, duas frações de sobretrabalho: uma no ato da troca; outra, no ato do crédito. Isto é, uma pela via do controle da comercialização e outra pela via do sistema de crédito. A terceira partilha, por fim, se dá na esfera da relação entre os senhores e a Coroa portuguesa, na forma do dízimo.

Os conflitos de contraespaço: a Confederação dos Tamoios

Passada para os vizinhos, a tensão do circuito das partilhas é um polo de permanentes conflitos internos. E o fato de o sistema colonial ter por base o processo de disponibilização do espaço leva essa internalização a se espraiar rapidamente para a relação com índios e escravos. Daí a série de movimentos de contraespaço que vai atravessar o período da Colônia.

Já no século XVI isso ocorre, com o levante da Confederação dos Tamoios, um contraespaço indígena que se dá entre 1554 e 1567 na área de *plantation* de São Vicente, envolvendo as tribos que habitam o litoral do Sudeste, do Espírito Santo a São Paulo, com centro de gravidade no Rio de Janeiro, e tendo como cenário os trechos de praia e o ambiente fechado e acidentado da serra do Mar e da mata atlântica (Quintiliano, s/d).

Trata-se de uma reação dessas tribos indígenas em defesa da manutenção do seu território, sinônimo de restabelecimento de seu modo de vida comunitário, expropriado pelos colonos portugueses junto a suas terras e sua sujeição ao trabalho escravo. Tendo a tribo dos tupinambás como polo de aglutinação, a Confederação reúne índios de várias tribos – guaianases, carijós, goitacases, camacuans, carijós, aimorés –, habitantes tanto do litoral quanto do interior, cujas relações históricas, nem sempre amistosas, são agora relevadas diante da grande usurpação.

Integrantes da etnia tupi, os tupinambás formam a tribo mais avançada e organizada dentre as demais, seguindo uma forma de vida comunitária que não raro serve de modelo para as outras. São um povo de vida sedentária e que arruma seu espaço a partir de um centro na taba, ao redor da qual realiza suas atividades de lavoura, caça, coleta e pesca, localizando seu habitat entre a floresta e o rio, de onde tira seu sustento comunitário. A base de tudo é uma divisão de trabalho por sexo e por idades em que homens e mulheres cumprem distintas tarefas. Os homens derrubam e queimam a mata, deixando o terreno preparado para a lavoura, cuidam da caça, da coleta, da pesca e da construção das habitações. A lavoura é tarefa das mulheres, que fazem o roçado, uma policultura que combina o plantio de cará, macaxeira, batata e raízes, e realizam as atividades artesanais com as quais produzem rede, cestas e adornos a partir de fibras extraídas da mata, cerâmica (louça, potes) com o uso do barro, abundante nas cercanias, farinha e aguardente, extraídas da mandioca, e armas e utensílios (facas e machados) a partir de seixos encontrados no meio. Esse conjunto de atividades e o tipo do material empregado denotam encontrarem-se os tupinambás em transição para a fase da pedra polida, já saídos da fase da caça, coleta e pesca, e já entrados na fase sedentária da lavoura, com pleno domínio do fogo, seus meios técnicos e formas de relação ambiental exprimindo este momento. Esgotadas as condições do meio, a comunidade abandona por inteiro a aldeia, indo reconstruí-la noutro ponto. Centro ordenador desse arranjo do espaço, a taba é formada por habitações amplas e retangulares, arrumadas num círculo ao redor de uma grande praça, onde se dá a vida de relação da tribo e se cumpre uma diversidade de funções que inclui desde atividades artesanais e comemorações festivas até as assembleias em que a comunidade discute e toma suas grandes decisões. Variando entre quatro e sete, cada habitação é ocupada por cerca de quarenta pessoas, reunindo-se na comunidade em média mais de duzentos habitantes.

Esse é o quadro geral do gênero e modo de vida dos tupinambás na região, área de domínio português, mas frequentada pelos franceses, com os quais os tupinambás mantêm uma relação de troca mais intensa e sólida que com a Coroa e os colonos portugueses. Conquistadores da terra, os portugueses, contrariamente aos franceses, oferecem como forma de relação a preação e o trabalho escravo nos engenhos e fazendas. Desse contraste deriva a diferença das relações. E a causa do levante índio contra os portugueses.

A vila de São Vicente é dos primeiros núcleos coloniais implantados por estes no Brasil. Valendo-se da presença de João Ramalho, um degredado aqui deixado pela viagem de Cabral, e da aliança deste com os índios tupiniquins, da tribo de Tibiriçá, com cuja filha, a índia Poti, João Ramalho se casara, Martim Afonso de Sousa logo que chega introduz a cana-de-açúcar na região, onde logo vêm a florescer fazendas e engenhos. Substituto de Martim Afonso de Sousa no governo da capitania, Brás Cubas funda logo a seguir a vila de Santos e intensifica o núcleo canavieiro-açucareiro na ilha, estimulando sua expansão e introduzindo como base do trabalho a escravização dos índios.

E são os índios das tribos distribuídas entre o sul do Espírito Santo e o litoral norte de São Paulo, passando pela baía da Guanabara e Angra dos Reis, a fonte dessa força de trabalho, aprisionados e levados para o trabalho escravo nas fazendas e engenhos de açúcar do litoral. Numa dessas incursões, cai prisioneiro Aimberê, cacique da aldeia dos uruçumirins, tribo tupinambá localizada no atual bairro de Botafogo, na cidade do Rio de Janeiro, sua mulher e seu pai. Instala-se, em consequência, um estado de conflito entre colonos e índios, transformado em levante liderado pelos tupinambás de Aimberê, evadido da fazenda, daí se instalando o levante confederativo.

"Tamoio" é uma expressão índia que significa "o mais antigo morador", a confederação tomando o restabelecimento da relação fundiária e territorial de antes por seu objetivo.

A rebelião tem início em 1554. Visando mobilizar todas as tribos, Aimberê percorre o litoral e o interior, confederando-as contra os portugueses. O alvo é a vila de São Vicente, reduto dos colonos no litoral e onde se concentram os índios usados como escravos. Segue-se uma sequência de confrontos, todos batidos pelos confederados, cujo auge é o ano de 1562, quando, mediados pelos padres jesuítas Manuel da Nóbrega e José de Anchieta, habitantes do Colégio de São Paulo, no planalto, faz-se uma trégua.

O período do armistício dura um ano, tempo que é utilizado pelos índios e pelos vicentinos para fins diferentes. A trégua é usada pelos tamoios para aperfeiçoar sua organização comunitária. Nesse período, os tupinambás importam e assimilam novas técnicas de criação de gado e de cultivo, em particular do algodão, e principalmente artesanais, estas relacionadas ao manejo de teares trazidos da França por instâncias de Ernesto, um francês casado com Potira, filha de Aimberê, e por este rebatizado de Guaraciaba, significando um período de rápido progresso para a economia e a vida comunitária dos índios. Já de parte dos vicentinos, o período é aproveitado para reorganizar e reequipar seu aparato bélico, reivindicado junto à Coroa portuguesa, que, assustada com a força e poderio demonstrados pela ação indígena, intervém com sua presença militar direta. Ao mesmo tempo, a trégua é por eles usada para retomar a atividade interrompida pela guerra, levando-a constantemente a ser rompida com apresamento de índios para os trabalhos nas fazendas.

Passado um ano, a guerra, pois, recomeça. Aos ataques de preação, os índios respondem com incursões a fazendas e engenhos dos colonos, mas agora sob uma tática de guerra que inclui cerco e ação de guerrilhas contra o núcleo de São Vicente, usando a mata e o terreno acidentado da serra do Mar como apoio logístico. Duas causas justificam essa nova forma de condução de guerra: 1) a consciência indígena da superioridade militar lusa, agora reforçada pela ação combinada da Coroa e dos colonos de São Vicente, cujas tropas são concentradas diante da área do comando confederado, na baía da Guanabara; e 2) o novo quadro da organização da economia tribal, mais assentada técnica e estruturalmente, e que as comunidades indígenas buscam preservar à margem da guerra. É esse segundo aspecto principalmente que leva os confederados a um só tempo a efetuar seus ataques a São Vicente, evitando o carreamento da guerra para seu território, e preservar a nova organização de seu modo de vida, tomando a iniciativa de ação de guerra contra os colonos, de modo a mantê-los numa espécie de cerco. Para tanto, as tribos confederadas fixam e concentram militarmente suas forças junto à tribo dos uruçumirins, no fundo da baía da Guanabara, dividindo seu contingente numa parte que se lança ao ataque aos colonos sitiados em São Vicente e noutra que se põe dando conta da atividade de produção à retaguarda.

Em resposta, o governo colonial concentra suas forças sobre o núcleo de retaguarda da ação confederada, a baía da Guanabara. Aí as reúne e reforça seu poderio de ataque com a incorporação das tribos indígenas aliadas, em particular os temininós, tribo do sul do Espírito Santo, liderada por Araribóia, deslocada para junto das forças portuguesas na baía da Guanabara. O embate se estende por dois anos, de 1565, ano da instalação das forças portuguesas em terra, onde fundam o que virá a ser a cidade do Rio de Janeiro, a 1567, ano derradeiro, terminando com a vitória final das forças portuguesas. A tribo de Aimberê e demais tribos são destruídas e suas terras distribuídas em sesmarias, parte da população indígena é escravizada e parte se evade para a hinterlândia, rumo às terras do centro e do norte.

O *intermezzo* holandês e a crise do plantacionismo canavieiro

A localização favorável dos núcleos baiano e pernambucano perante os mercados externos já os vinha pondo na dianteira em face da produção mais antiga do núcleo vicentino. Os anos de guerra tamoia acentuam esse distanciamento. O efeito da expansão no núcleo pernambucano é a multiplicação das fazendas e engenhos que o torna o principal centro da colônia. A lavoura da cana avança sobre os vales do piemonte da Borborema, em busca do massapê rio acima. E implementa-se a diferença entre o litoral canavieiro e o interior pastoril, que já vinha se formando desde a expulsão do gado do litoral para o interior pela expansão canavieira, levando-o a internalizar-se na zona da caatinga.

Esse desenvolvimento atrai a atenção dos holandeses em suas tentativas de invasão das áreas canavieiras da colônia em consequência da fusão das Coroas portuguesa e espanhola na União Ibérica de 1540. Em 1624 invadem a Bahia, de onde são expulsos. E, em 1630, Pernambuco, onde se instalam aí permanecendo até 1654, quando então são vencidos e se retiram depois de prolongada guerra de expulsão. Esses 24 anos de domínio deixam um saldo de realizações como a fundação do Recife, mas, ao mesmo tempo, de forte desarrumação da economia açucareira, parte em face do estado permanente de guerra. Mas, sobretudo, abrem a brecha para um conflitante levante de contraespaço dos índios tapuios e dos negros escravos, os primeiros conflagrando o sertão e os segundos, a mata.

O contraespaço tapuio

A guerra dos tapuios é um levante de contraespaço que ocorre entre 1651 e 1715 no ambiente semiárido da caatinga, espraiando-se no correr desse tempo por todo o sertão.

Os tapuios são índios da hinterlândia, que se organizam em formas comunitárias precárias, sendo o nomadismo seu traço característico. Vivem da caça, coleta e pesca e habitam aldeias provisórias em migração permanente pelas paisagens secas do sertão. Aliando-se aos holandeses por todo o período de domínio destes, deslocam-se para a costa setentrional para usufruir da aliança. E são obrigados a voltar para as áreas da hinterlândia terminado o período da guerra holandesa em face da animosidade demonstrada pelos colonos e pela administração portuguesa. O mote do levante, no entanto, é o avanço dos colonos sobre suas terras, estimulados pela política de interiorização então estabelecida pela Coroa portuguesa. Desse avanço explode a guerra que vai perdurar por quase um século (Puntoni, 2000).

Três são as suas fases: a do recôncavo, no período de 1651-1679; a do Açu, no período de 1687-1699; e a do confronto que daí se estende com caráter de resíduo até 1704. São fases que no geral coincidem com o avanço territorial do "sertão de dentro" e "sertão de fora", em função do qual os currais se multiplicam pelo território dos índios, as fazendas de gado ocupando e incorporando suas terras, expulsando-os e expropriando seus espaços e fontes de subsistência, particularmente os pontos de água. As tribos reagem a esse avanço com ataques constantes às fazendas, destruindo suas plantações e se apropriando do gado para seu suprimento alimentício e levando suas ações até os povoados do litoral.

O avanço do "sertão de dentro" motiva a Guerra do Recôncavo. Descolado das fazendas e engenhos circundantes a Salvador, o gado avança rumo norte, entrando pelas terras das tribos indígenas aí localizadas. Estas reagem, atacando as fazendas de gado e indo até as fazendas de lavoura e engenhos da periferia de Salvador, além de exercerem um bloqueio sistemático às rotas do circuito de abastecimento alimentício vindo do interior. Contra-atacados, os índios recuam, usando os terrenos acidentados e a caatinga como cobertura, numa ação de guerra prolongada.

Por sua vez, o avanço do "sertão de fora" motiva a Guerra do Açu. Um incidente origina aqui a guerra. O estopim é o aprisionamento pelos portugueses do cacique dos janduís, uma das tribos tapuias aliadas dos holandeses durante a ocupação, relação utilizada pelos colonos e representantes do governo para justificar a apropriação de suas terras e a destruição de sua tribo. Prevendo os ataques, os janduís se internalizam no sertão, aí se instalando num entrechoque com o avanço das fazendas de gado. Até que eclode a guerra. O ano é de 1687. O centro do primeiro confronto é o vale do rio Açu, situado no caminho entre Pernambuco e Ceará, numa posição privilegiada do caminho do "sertão de fora", logo se propagando pelos demais vales fluviais do litoral norte. Do Açu, a rebelião chega rapidamente a Mossoró e Apodi, avançando pelo interior do Rio Grande do Norte e chegando ao Ceará e Piauí, até abarcar toda a costa seca do litoral norte. A guerra se estende até 1699, quando um armistício firmado entre o cacique Canindé dos janduís – e principal tribo em guerra, com 14 mil índios, 5 mil dos quais armados com arcos e armas de fogo – e o governo-geral põe termo ao conflito.

Seus desdobramentos prosseguem residualmente, todavia, levados pelas demais tribos tapuias, bem como pelo interesse das tropas paulistas e pernambucanas em repartir as terras indígenas em sesmarias, numa sequência de escaramuças e extinção das tribos que leva a guerra a entrar numa terceira fase, que a prolonga por mais 16 anos. O ponto de ebulição é o massacre dos baiacus, uma tribo aldeada no interior do Ceará, pelas tropas de paulistas. Reunidas numa relação amistosa com os baiacus em sua aldeia com o intuito de mobilizá-los na guerra às demais tribos como aliados, as tropas dos bandeirantes, argumentando reagir a agressões, atacam e destroem a aldeia, aumentando a fervura da guerra. Os conflitos se arrastam até 1715, culminando com um completo destroçamento das tribos tapuias e a implantação das fazendas de gado e povoados dos colonos em todo o sertão nordestino.

O contraespaço palmarino

A guerra dos Palmares ocorre simultaneamente à dos tapuias, mas no litoral e nos vales do piemonte da Borborema. E seu mote é a crise do sistema plantacionista pernambucano ocasionado pela reação à presença holandesa.

Palmares, porém, é um contraespaço que antecede a própria invasão holandesa. Inicia-se por volta de 1601. E se irradia pelo atual território de Alagoas e Pernambuco, então reunido na capitania de Pernambuco, com epicentro na faixa de franja costeira que se estende da altura do cabo de Santo Agostinho (Pernambuco) à margem norte do rio São Francisco. E termina em 1694. Mas é o período de invasão, domínio e guerra de expulsão que o impulsiona (Carneiro, 1966).

Um fator-chave da longa duração de Palmares é seu sítio, formado da sucessão de pequenos e médios vales do alto da Borborema, nas cabeceiras do Ipojuca, Serinhaém e Una, em Pernambuco, e Paraíba, Mundaú, Panema, Camarajibe, Porto Calvo e Jacuípe, em Alagoas. No conjunto é um terreno de topografia acidentada que cai em vertentes fortemente inclinadas para as baixadas e planícies canavieiras do litoral. De alto valor logístico, reforça-o a espessa mata atlântica, que o recobre por inteiro, marcada regionalmente por uma diversidade de tipos de palmeiras – donde lhe vem o nome – e um quadro de abundância de água e de solos de relativa fertilidade.

Desse meio, além do valor logístico, retiram os palmarinos todos os elementos de que precisam. Da mata extraem alimentos (azeite, um tipo especial de manteiga, palmito, frutos e raízes), ervas medicinais, materiais que servem para o fabrico de utensílios diversos (chapéus, esteiras, vassouras, cestos, abanos, móveis) e para o erguimento das habitações. A caça é variada. E no solo de aluvião praticam uma policultura de milho, mandioca, batata-doce, que se alterna com áreas maiores de plantação de milho, cana e banana-pacova, trazidas das experiências da lavoura colonial portuguesa das terras de baixo. Dos morros, ricos em argila, extraem matéria-prima para a cerâmica (potes e vasilhas) e a metalurgia, esta relacionada à presença de inúmeras forjas, onde produzem material de guerra. São vários os tipos de artesanato. E se criam animais domésticos, em especial galinhas.

Aí erguem seus mocambos. Comunidades que reúnem casas, caminhos e culturas, numa média de duzentas a quinhentas residências. No conjunto os mocambos formam uma espécie de habitat disperso e de exíguo território, cada mocambo procurando extrair o máximo de seu espaço, em geral confundindo habitações e culturas com a mata, a começar pelas casas rodeadas das roças de policultura. Uma estrada longa e de pequena largura atravessa o mocambo de um extremo ao outro, facilitando as comunicações e os deslocamentos internos.

Cada mocambo é, assim, uma unidade autossuficiente e autônoma. Cada uma deve cuidar de prover-se de subsistência e meios artesanais, organizar sua defesa e definir seu modo de convivência com a vizinhança, incluindo o povoado dos colonos, com os quais mantém uma intensa relação de intercâmbio em que troca seus produtos agrícolas e artesanais por ferramentas, pólvora, chumbo, armas dos colonos, numa situação em geral amistosa mesmo nos contextos de guerra.

A defesa é uma preocupação permanente, e o comando palmarino usa diferentes meios para lográ-la. Cada mocambo é protegido por uma cerca de dupla paliçada, separada por um fosso cheio de estepes (estacas pontiagudas) e que se comunica com o exterior através de duas a três grandes portas, num forte esquema de defesa aos constantes ataques que sofrem (ao todo somaram-se mais de 16 grandes ataques ao longo da existência de Palmares), assim se transformando numa excelente fortaleza. A mudança de localização é outro meio. Palmares se estende no seu auge por cerca de 60 léguas (396 km^2), reunindo uma população de 20 mil pessoas. Essa área se dilata e se contrai, todavia, segundo a localização dos mocambos, trocada com frequência para confundir as ações do inimigo. Além disso, a unidade do todo é garantida por um Conselho, instalado no mocambo central, cada mocambo tendo o seu governo comunitário, que se incumbe da organização do seu espaço, comunicações, distribuição dos produtos, instalação de cisternas de uso comunitário, montagem de oficinas, tudo numa arrumação que faz do mocambo cidade e mundo rural a um só tempo.

A reconstituição da vida em comunidade das regiões africanas de origem é o motivo e objetivo do quilombo. A situação beligerante com que o governo colonial o trata leva Palmares, entretanto, a ter de dotar-se de uma forma de governo e vida política que, ao tempo que logre restabelecer, garanta a sobrevivência da comunidade. Assim, cada mocambo tem um governo ao mesmo tempo comunitário e centralizado. Cada qual tem seu chefe, que encarna a autoridade local, o conjunto seguindo a chefia central de Ganga Zumba. Nos momentos de guerra ou de necessidades especiais, os chefes se reúnem na Casa do Conselho do mocambo central, quando então se tomam decisões comuns a toda a comunidade palmarina.

Por outro lado, o estado de guerra obriga Palmares a manter-se na ofensiva e atuante todo o tempo. A cada ataque dos colonos, responde com descida e ataque às vilas, fazendas e engenhos, saqueando as casas, queimando as plantações e levando consigo os escravos dos povoados da planície. São incursões constantes, sobretudo às vilas de Porto Calvo, Alagoas e Serinhaém, onde as forças legalistas concentram sua base logística.

Entre um momento de guerra e outro há os de intermitência e arrefecimento, que os palmarinos aproveitam para aperfeiçoar sua vida comunitária, estreitar as relações de intercâmbio e melhor estruturar sua organização, prevendo o momento de recomeço das hostilidades. Nesses momentos, reforçam suas defesas, em particular as paliçadas, e decidem sobre relocalizações de mocambos, sempre usando as defesas naturais como referência para dificultar a ação inimiga, e quebrar e dividir suas forças para mais bem atacá-las. E assim obriga o inimigo a também usá-las como logística, abrindo caminhos na mata pelos quais passem suas tropas, carros, armamentos e bois, e pontuando-os de instalações que sirvam de depósitos de munições e víveres, num papel de retaguarda, e postos de guerra avançados, aí podendo ficar meses a fio em combate aos mocambos.

Entre 1644, ano da última incursão holandesa, e 1671, ano do fim da Guerra do Açu, decorrem 26 anos de relativa tranquilidade. As tropas oficiais estão concentradas no sertão, em guerra com os índios tapuias. E evita-se abrir duas frentes. Terminada a guerra, as atenções se voltam para Palmares. Estamos em 1671 e o número de incursões e ataques se intensifica, quando o governo muda de tática, propondo negociações de fim da guerra. E oferece uma proposta de reconhecimento de Palmares mediante descida da serra, que é aceita por Ganga Zumba.

A paz é assinada em 1678. E prevê a transferência de Palmares para o vale do Cucaú, na baixada, em lugar cedido pelo governo-geral. Palmares, entretanto, se divide, parte descendo e parte permanecendo na serra. Uma parte segue Ganga Zumba e a outra, Zumbi. No entremeio, Ganga Zumba é morto. Seus seguidores voltam para a serra. E a guerra se reinicia.

A tática do governo-geral é agora juntar as forças legais às paramilitares dos paulistas, sob o comando de Domingos Jorge Velho. Um acordo é assinado com este em 1687, prevendo a distribuição de parte dos escravos recuperados, a outra parte sendo devolvida aos antigos proprietários, e a partilha das terras de Palmares em sesmarias entre os comandos bandeirantes, ao lado de comendas, soldos e honrarias. Em 1691 Domingos Jorge Velho retoma a rota da velha logística, aí se concentrando com suas tropas.

Diante desse fato, e sabendo da semelhança tática de Domingos Jorge Velho e da sua, ambas de guerrilha em ambiente de serra e mata, Zumbi abandona a prática da mobilidade e dispersão dos mocambos, concentrando as forças palmarinas no mocambo central, reforçado por uma paliçada ampliada de duas para três cercas, separadas respectivamente por dois fossos de estacas reforçadas. Experiente nesse tipo de guerra, Domingos Jorge Velho responde à tática de Zumbi com a construção de uma contracerca, construída em diagonal às defesas de Palmares. O mocambo central é assim invadido. E as forças de Domingos Jorge Velho e dos palmarinos entram em embate em campo aberto. Percebendo a inutilidade da tática de unificação da resistência, Zumbi decide driblar a ação inimiga e reorganizar-se mais adiante. A guerra se transfere para as brenhas da mata, onde as forças palmarinas buscam realizar ataques surpresas e as forças governamentais se voltam para os mocambos visando destruí-las como bases de retaguarda. A guerra se desdobra numa situação de desigualdade logística entre as forças em embate. O momento final é o encurralamento de Zumbi, morto em 1695. A guerra termina. E com ela a experiência comunitária de Palmares.

A centralidade mineira

O período entre o final do século XVII e o final do século XVIII interrompe por momentos a centralidade plantacionista, com a eclosão do ciclo do ouro e das pedras preciosas e o consequente deslocamento do centro de gravidade geográfica da colônia do litoral para o interior, instaurando uma centralidade meteórica que não vai além do terceiro quartel do século XVIII. Procurado insistentemente desde o século XVI por movimentos de entradas e bandeiras, o ouro é encontrado nas montanhas de Minas Gerais no final do século XVII e nos planaltos de Goiás e Mato Grosso no correr do século XVIII, num ensaio de organicidade urbana que só no século XX irá por fim se estabelecer.

De imediato, o surto da mineração rearruma o quadro geral do arranjo do espaço da colônia, ocasionando a interiorização e povoamento da hinterlândia através de uma diversidade de núcleos mineiros, fazendas de gado, áreas de policultura de subsistência, cidades de intensa vida urbana por meio das quais atrai ondas de migração de população de origem interna e externa, numa brusca aceleração do crescimento populacional e cria uma densa relação de trocas internas de produtos e forças produtivas na colônia. Acompanhando esse deslocamento do centro de gravidade, transfere-se a capital de Salvador para o Rio de Janeiro, numa nova malha político-administrativa do arranjo espacial.

Disperso-concentrada, a mineração se organiza em três "nebulosas de estabelecimentos mineiros", a região de Minas Gerais, que é o seu "centro de condensação", a região de Cuiabá, e a imensa região intermediária de Goiás, dentro das quais os centros mineiros se unem, mas entre si localizam-se de modo disperso, isolado e afastado, situando-se a grande distância uns dos outros (Prado Jr., 1961). Tal modo de arranjo, concentrado localmente dentro de cada centro e disperso na relação entre eles se deve em grande parte ao predomínio do ouro de aluvião. E em parte ainda à natureza acidentada do relevo, no caso de Minas Gerais. Contudo, a causa principal reside na estrutura interna da organização econômica da mineração. As relações de trabalho, a despeito de serem também escravistas, são aqui menos rígidas que nas áreas agroindustriais, acenando aos escravos com a conquista de alforria sob o estímulo da descoberta de ouro. Bem como a estrutura financeira, menos exigente. O montante das inversões e dos gastos de reposição é baixo, mas as despesas correntes são mais altas, em face da corrida inflacionária que a produção aurífera acarreta na economia interna e no exterior. O primeiro aspecto democratiza, mas o segundo leva à instituição do monopólio. Essa é a grande diferença entre o plantacionismo e a mineração, expressa na mentalidade rural, mesmo que cosmopolita, de uma, e a mundivisão urbana, de outra.

Duas são as formas básicas de extração: a lavra e a faiscação. A lavra é o domínio dos grandes estabelecimentos, que são os que mais se beneficiam da repartição das datas (parcelas de terra concedidas para a exploração mineira), enquanto a faiscação é realizada por pequenos e médios estabelecimentos, geralmente tocados por proprietários de pequeno número de escravos (abaixo de doze). Como as datas são distribuídas em função do número de escravos de que cada minerador dispõe, cabe à faiscação um papel geralmente complementar ao da lavra, expondo o lado monopolista das atividades da mineração.

Prado Jr. observa que a proliferação da atividade de faiscação em dada área é um fator indicativo da decadência da extração. Esta distingue-se em sua progressão em três diferentes porções: 1) os veios, parte dos leitos dos rios na qual se aloja a maior riqueza aurífera e que constitui o objeto principal e inicial da mineração; 2) os tabuleiros, parte das margens dos rios, ainda concentradora de riqueza para a qual os mineiros acorrem quando o ouro começa a escassear nos veios; e 3) as grupiaras, parte de meia encosta, na qual já predomina a faiscação.

No conjunto, algumas características básicas fazem diferir o espaço da mineração em relação aos demais. Comparado aos espaços agrícola e pastoril, este em processo de formação, por exemplo, não há aqui a exclusividade da grande empresa. Coexistem com ela a pequena e a média, em condições plenas de sobrevivência e desenvolvimento. Ademais, o espaço mineiro é um espaço de relação de mercado, por isso, de vida urbana. Assim, as cidades erguidas na hinterlândia não são iguais às da costa, em face de sua vida econômica, sua atividade cultural intensa e sua função político-administrativa o mais das vezes local.

Cedo, no entanto, toda essa atividade cessa. Iniciada no final do século XVII, bem antes de findar o século XVIII já não mais existe. Substitui-a no planalto a pecuária. E na colônia, o retorno à centralidade da cana.

O arco de subsistência e autonomização do espaço pastoril

Não durando mais que sete décadas, o ciclo mineiro deixa o espaço colonial salpicado de fazendas de gado. E, espalhada, uma miríade de pequenas ilhas de policultura de subsistência independente. A multiplicidade de lugares de fazendas de gado e áreas de policultura não é ocasional. Contrapondo-se à natureza mercantil-exportadora da *plantation* canavieira e dos metais e diamantes, a policultura e a fazenda de gado são atividades de mercado interno. Daí que as fazendas de gado em seu instante de surgimento são grandes propriedades de subsistência (Prado Jr., 1961).

O gado foi introduzido no século XVI junto à cana-de-açúcar para subsidiar os engenhos com tração, alimentos e força para mover as moendas. À medida, entretanto, que no decorrer do tempo as extensões ocupadas com cultivos e o número de engenhos se ampliam na franja costeira, o gado vai vendo seu espaço ser aí comprimido, tendo, assim, de afastar-se da costa e localizar-se no interior. No correr do século XVII avança já pelo sertão nordestino, da Bahia e Pernambuco ao Ceará e Piauí, para ocupar em conflito com as tribos tapuias a depressão interplanáltica. Ao mesmo tempo, o núcleo vicentino difunde-o pelos campos do sul, no interesse de ocupação das terras espanholas e de obtenção de meios de subsistência, aí se acumulando uma numerosa manada de gado solto e selvagem com o tempo. Quando o surto mineiro explode no planalto central, esses polos de pecuária para ele se voltam, levando o gado no caminho a expandir-se e cobrir, dos campos do sul à caatinga, toda a faixa de domínio de vegetação campestre da hinterlândia de fazendas de gado e com isso integrar de leste a oeste e de sul a norte todo o território da colônia (Andreoni, 1966).

Adaptando-se à tríplice diversidade da faixa campestre e exprimindo a forma como a lei dos rendimentos decrescentes e da renda diferencial pastoril que nele atuam, o espaço pastoril se diferencia enormemente dos demais, se estruturando sob forma específica segundo os três grandes sertões em que a faixa campestre se divide: o nordestino, o central e o sulino.

O sertão nordestino é a porção menos beneficiada das três, embora se contraponham aqui o desfavor morfoclimático e a favorabilidade locacional. A água é o grande delimitador dos arranjos. Auxiliada pela horizontalidade da topografia, sua distribuição exerce a determinação principal da localização e distribuição das fazendas. Sua escassez estimula a proliferação do gado pelo pediplano e a disputa por seu domínio determina a forma geral de um retângulo de pequena largura e longo comprimento que as fazendas adquirem ao se localizar com a testada no rio e o corpo no rumo do interflúvio. Mas a proximidade dos mercados das cidades e da agroindústria canavieira do litoral compensa a escassez hidrológica, numa versão modificada da renda diferencial de localização e fertilidade. E este é um segundo aspecto de determinação. Nascida junto à fazenda de lavoura e dela se afastando em sua expulsão para o interior, a fazenda de gado mantém-se a ela ligada por seu papel de mercado consumidor. A interiorização se dá a partir de Pernambuco e Bahia como centros maiores de irradiação. Pernambuco com polos em Olinda e Recife e Bahia com polo em Salvador. Partindo desses focos, as fazendas vão-se espraiando paulatinamente para dentro, por um lado expandindo-se numa relação de contiguidade, fato que as faz manter-se em contato entre si e com os centros de origem, por outro numa relação de afastamento em sua disputa de terras e cursos d'água, fato que as mantém distanciadas em suas fronteiras de domínio. A rápida mobilidade do gado nessa irradiação contígua-distanciada deixa interstícios sem ocupação e dá origem a uma prática da ausência de cercas, que se de um lado dá ao gado maior mobilidade de movimentação e ocupação, de outro acumula futuros planos de conflito entre os proprietários. De todo modo, em pouco tempo, seja no "sertão de dentro", em terras da Bahia, seja no "sertão de fora", em terras alongadas de Pernambuco ao Ceará, Piauí e Maranhão, todo o sertão nordestino se torna um espaço de fazendas de gado.

O sertão central é uma porção mais aquinhoada. Domina-o a imensa paisagem das chapadas de topo plano e vegetação aberta dos cerrados, onde o recurso em espaço, água e pasto contrabalança o enorme distanciamento dos centros de consumo do litoral, numa espécie de renda diferencial de fertilidade e localização de revés. Sua origem é a atração do ciclo de mineração do século XVIII, carreando em grande escala para o seu mercado a pecuária nordestina e sulina. Pondo os sertões nordestino e sulino em contato natural com o sertão central, duas grandes calhas topográficas orientam essa movimentação dos extremos para o centro: o vale do São Francisco, eixo de avanço do gado nordestino, e a depressão periférica, eixo de avanço do gado sulino. Com a crise da mineração, a interação pastoril decai e as fazendas se autarcizam em todo o planalto. Localizada próxima do Rio de Janeiro e ecologicamente mais bem servida que o restante do planalto, embora com um relevo acidentado que força a dispersão das fazendas pelos vales, a pecuária progride e avança. Usando um sistema mais desenvolvido de criação, as fazendas de gado aí obtêm maior produtividade, pelo uso de cercados, parcelamento interno do criatório e produção simultânea de carne e leite.

O sertão sulino, por fim, é a porção naturalmente mais vocacionada. A qualidade dos pastos contrabalança a localização mais distante dos centros de mercado, compensada, no entanto, pela importação da técnica de produção do charque. É para aí que, com a "seca grande" que assola o sertão nordestino em 1791-1793, vai migrar a indústria do charque, surgida no Ceará com a expansão e comercialização do gado entre o sertão nordestino e os centros de consumo da zona da mata no século XVII. Concentradas em Pelotas e São Gonçalo, centros urbanos situados a meio caminho entre as áreas de pastagens da fronteira e o porto de Rio Grande, a indústria do charque dá início a uma técnica de criatório que aos poucos vai pôr a pecuária sulina à frente das demais áreas de gado dentro da colônia.

É porém a forma-valor o dado comum, o motor real da dinâmica do espaço pastoril nos três sertões. As relações de classes são aqui menos rígidas que no espaço plantacionista e mineiro. E a forma-valor, distinta. Empregando em maior escala uma força de trabalho semilivre, mestiça e nativa, a fazenda de gado é um mundo social de considerável mobilidade vertical. A instituição do pagamento da quarta, forma de remuneração do trabalho do vaqueiro (seu trabalho é pago com um bezerro em cada quatro nascidos), favorece sua ascensão social. Como tal pagamento só se efetua decorridos cinco anos, acumula-se um rebanho que o vaqueiro recebe de uma só vez. A terra que lhe falta geralmente consegue arrendando-a ao seu antigo senhor. De modo que cedo o peão se torna dono de fazenda de gado em áreas ainda abertas à ocupação, avançando e arrastando o horizonte do espaço pastoril para ainda mais longe da costa.

Por seu turno, também é comum a forma específica de combinação entre a renda diferencial e a lei dos rendimentos decrescentes, nisso influindo: 1) a natureza automóvel do gado; 2) a elasticidade da oferta de terras; 3) o consumo e a demanda crescente de carne e couro no litoral, nas minas e cidades; e 4) o meio ecológico em geral propício. A renda diferencial de localização é aqui particularmente determinante, dado o intenso comércio interno de carne e couro que tem lugar na colônia. Há "um desfile ininterrupto" de manadas entre as áreas da colônia, observa Prado Jr., atestado no consumo anual que no século XVIII chega a 20 mil bovinos na Bahia, 6 mil em São Luís do Maranhão e 11 mil em Belém. Também pesa favoravelmente a pouca exigência de custo de instalação de uma fazenda, requerendo um parco investimento em currais, vivendas, vaqueiros e auxiliares (os fábricas). A força de trabalho empregada é mínima: dois ou três vaqueiros e os fábricas em número de dois a quatro, sendo estes às vezes trabalhador escravo, às vezes semilivre, e que cuida da policultura dominial da fazenda de gado. A par desse baixo fundo fixo, a fazenda encerra fracas despesas correntes: basicamente reduz-se ao sustento dos trabalhadores e sua remuneração é função do próprio desfrute natural dos rebanhos, cabendo aos fábricas a tarefa da lavoura de subsistência. E este fator contrabalança o custo de uma localização cada vez mais distante.

Um espaço paralelo: o extrativismo vegetal amazônico

Corre por fora das interações internas entre os outros recortes de espaço o ciclo das drogas, organizado à base dos aldeamentos jesuítas na faixa geobotânica do sertão amazônico. Define-o a pouca ação de intervenção do índio sobre o meio físico, uma vez que o ciclo se vincula a uma atividade coletora e não de transformação, não vindo a exercer no quadro morfopedobotânico uma relação de caráter permanente. Surge e finda a cada vez que o índio aldeado entra na floresta para a atividade da coleta e se retira para retornar à aldeia jesuíta, terminado o período extrativo.

Ao extrativismo se combina uma atividade agropecuária localizada na várzea do delta, onde se concentram dois terços da população e de onde partem as incursões de extração na mata. Nessa simbiose de arranjos, é a extração das drogas o centro da economia da Amazônia, a agropecuária agindo de modo subsidiário, enquanto fonte e meio de subsistência da população envolvida no extrativismo. É a mesma a população que se envolve com a produção de subsistência e a que se embrenha ciclicamente na floresta em busca das drogas. O que equivale a emprestar ao extrativismo um caráter de atividade regular, embora não de organização permanente.

Móvel no espaço e instável no tempo, no dizer de Prado Jr., o extrativismo não se faz em áreas fixas e de exploração exclusiva por grupos. Os coletores têm a liberdade de se dirigir para onde melhor lhes convenha e a floresta é uma espécie de fundo de uso comum. A área fluida do extrativismo coabita no espaço amazônico com as áreas fixas da agropecuária, e só se confunde com elas numa totalidade por ser esse todo a encarnação do modo espacial de vida de comunidade do aldeamento indígena.

AS CASAS, OS CAMINHOS E AS CIDADES: RUMANDO PARA ALÉM DO PLANTACIONISMO

Todo esse conjunto de recortes e escalas de relações geradas à sombra da disponibilização do espaço revela-se, por fim, numa sociedade espacialmente organizada no final do século XVIII. Seu elemento de consolidação é a rede de trilhas e lugares trazidos pelos movimentos de circulação do gado, das tropas e tropeiros, das

UM DOMÍNIO RURAL COSMOPOLITA

monções de povoado e do comércio mascate, desenhando a nervura de casas e caminhos que, abrindo vias de fluidificação e plantando pontos de aglutinação, conjuminam os pedaços como recortes de um todo, como na teoria de constituição geográfica das sociedades de Brunhes, num grande afresco (Brunhes, 1962).

As trilhas de integração

Se as fazendas de lavoura e de gado são células, as trilhas e seus atores são os sujeitos da sociedade que espacialmente assim se forma. E cedo deixam para trás os núcleos históricos de São Vicente, Bahia e Pernambuco, multiplicados numa diversidade de outros núcleos pelo litoral e hinterlândia (mapa 4).

MAPA 4: CICLOS ECONÔMICOS E ROTAS DE CIRCULAÇÃO COLONIAL

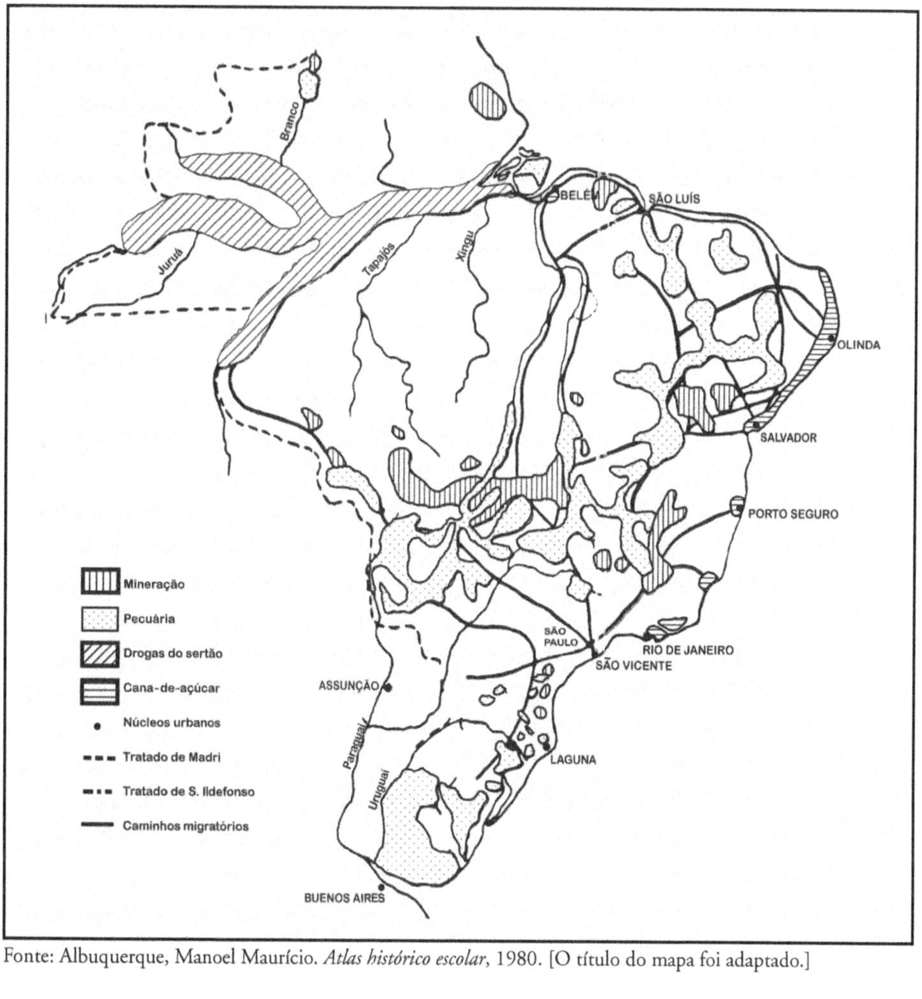

Fonte: Albuquerque, Manoel Maurício. *Atlas histórico escolar*, 1980. [O título do mapa foi adaptado.]

As trilhas de gado

O gado bovino é introduzido em São Vicente, Bahia e Pernambuco em complemento à produção canavieiro-açucareira do engenho. Cedo seu conflito com a lavoura obriga a Coroa a ter de legislar sobre o uso recíproco do espaço, estabelecendo um limite de separação de dez léguas entre as áreas da lavoura e do criatório. A multiplicação de fazendas e engenhos com a expansão correspondente das áreas de plantio, seja da cana, seja das culturas de subsistência, só fazem aguçar o conflito. E resta ao gado o sertão desconhecido, avançando nele em longas trilhas. Por razões diferentes, a interiorização do gado é introduzida simultaneamente no Nordeste e no Sul. E mais diferentes ainda, no miolo da colônia. O resultado é uma teia gigante de casas e caminhos (Goulart, 1965).

Vimos que a interiorização do gado no Nordeste faz-se em duas direções, o "sertão de dentro", formado pelo vale do São Francisco, e o "sertão de fora", formado pelo litoral oriental e norte. O "sertão de dentro" é ocupado pelo gado proveniente de Pernambuco e da Bahia. O gado pernambucano chega ao São Francisco pela margem esquerda e o baiano, pela margem direita, ambos subindo o rio para transformá-lo num "rio dos currais", designação dada pela enorme quantidade de fazendas de gado que se espalha pelo seu baixo e médio vale. Já o "sertão de fora" é ocupado pelo gado que de Pernambuco progride rumo aos limites do Ceará e Piauí, sempre aproveitando o vale dos rios que aí deságuam, como o Açu, o Apodi, ambos no Rio Grande do Norte, e principalmente o Jaguaribe, no Ceará, para interiorizar-se. O fim das guerras que culmina com a expulsão dos holandeses e depois dos tapuios é a senha de uma segunda interiorização. Da Bahia o gado sai do vale do São Francisco rumo ao interior pernambucano, a caminho do interior do Ceará e do Piauí, onde o "sertão de dentro" e o "sertão de fora" acabam por se encontrar. O século XVII se encerra, assim, com o interior nordestino praticamente ocupado pelo gado.

Já no Sul a interiorização resulta de uma combinação de eventos de que o núcleo de São Vicente é o ponto-chave. O gado é introduzido em São Vicente por Martim Afonso de Sousa, em 1530. A partir daí, uma relação de dois fluxos de sentido contrário daqui se estabelece para o sul. Nos séculos XVI e XVII o gado segue o rumo ao sul, descendo o litoral em direção à campanha gaúcha, com ponto de passagem em Laguna, limite final do Tratado de Tordesilhas, localizado no atual estado de Santa Catarina. No final do século XVII e sobretudo no correr do século XVIII o fluxo se inverte. O gado sobe vindo das pradarias sulinas rumo ao centro da colônia, com ponto de passagem em São Paulo de Piratininga, acoplado ao surto da mineração. Como resultado, também o século XVII se encerra com a campanha gaúcha ocupada pelo gado.

O planalto central vai costurar a unidade desses dois distantes sertões pastoris. O surto aurífero atrai para o centro da colônia o gado nordestino então estacionado no médio vale do São Francisco e o gado do Sul então estacionado no pampa gaúcho, alargando e integrando nessa convergência as trilhas de um e de outro no todo territorial do espaço da colônia.

Retomando e ampliando as trilhas dos índios e bandeirantes, o movimento do gado vai erguendo do chão uma profusa rede de caminhos. Desde quando o século XVII termina com o gado chegando ao Ceará, Piauí e Maranhão, um fluxo ao revés é estabelecido, voltado para abastecer de carne e couro os centros urbanos do litoral canavieiro com rebanhos trazidos daqueles extremos. Trilhas e povoados aqui se multiplicam e se juntam. É intenso o movimento que, vindo do Piauí, passa por Pombal e Itapicuru, tendo por eixo Geremoabo ou Jacobina e Joazeiro, ou vindo do Ceará, pelos riachos da Terra Nova e Brígida, ou do Maranhão pelas freguesias do Mocho e Cabrobó, a caminho das cidades-feiras do agreste pernambucano e baiano como pontas de troca sertão-mata envolvendo fazendas, engenhos e cidades do litoral, quando não a caminho das áreas de mineração de Minas Gerais, Goiás e Mato Grosso. O século XVIII por isso mesmo vai ter no Piauí o grande abastecedor de gado da colônia. Do mesmo modo se dá com o contato que vem do extremo sul, das trilhas de gado da campanha gaúcha, com passagem por Curitiba, Sorocaba e São Paulo a caminho do planalto central. E que já começa com os caminhos locais, abertos em função da própria forma como a manada se forma, provavelmente uma combinação de três focos. Em 1534 o gado é introduzido pelos espanhóis, junto à fundação de Buenos Aires, que, diante da reação indígena, logo abandonam a região e a manada. Entre 1627 e 1707 é a vez dos missionários jesuítas, acossados pelas invasões bandeirantes. Por fim, a do gado trazido pelos paulistas e deixado solto pelos campos do Sul. A multiplicação natural dessa manada dá conta do aumento acelerado e da facilidade com que o gado se espalha e povoa o pampa. E a profusão de trilhas aí surgida, indiferente às linhas formais de fronteira. E assim a região e o gado são encontrados pelos próprios paulistas, quando do surgimento da demanda de animais de carga e suprimento alimentício pelas áreas de mineração do planalto central. Apresado e transportado para essas áreas inicialmente a pé, em breve essa cata do gado selvagem dá origem a fazendas de criação e cidades que rapidamente se irradiam pelos caminhos desde o sul, pela campanha e ao longo da depressão periférica, organizando e regularizando o abastecimento de bois e mulas para as áreas de mineração. No primeiro momento, usa-se a rota litorânea de Laguna, até que se descobre o caminho por dentro, num itinerário que do Viamão chega a Lages e, daí, a Curitiba, Sorocaba, onde o rebanho trazido alimenta uma movimentada feira de gado, e São Paulo. E assim chega a Minas Gerais, Goiás e Mato Grosso, juntando-se à manada vinda do interior nordestino.

Ao contrário do ir e vir do bandeirante, uma rede de trilhas e povoados permanente aqui e ali se instala com o movimento de ir e ficar do gado. Passo no qual a pata do boi pontilha o território colonial de fazendas e cidades que vão se estabelecer nas áreas arbustivo-herbáceas do interior e formar a retaguarda das fazendas de lavoura e engenhos do litoral, e fincar as raízes da organização da interação do espaço entre esses lugares.

As tropas e os tropeiros

O arranjo espacial de trilhas e povoados sedimentado pelo gado vai ter seu reforço no movimento de tropas e tropeiros que, originado junto e de certo modo em paralelo à movimentação pastoril, não demora a ganhar forma e vida próprias com o surto da mineração (Goulart, 1961).

Tropa é então uma organização de transporte de carga por um grupo integrado de muares cujo proprietário é o tropeiro. Arrumada no eixo litoral-interior-litoral através boqueirões tectônicos transversos às serras do Mar e da Mantiqueira, aqui e ali atravessa matas e rios para interligar também numa relação interior-interior os núcleos de economia e povoamento distribuídos e localizados onde só as tropas de burro podem chegar.

A tropa de muares é, no fundo, uma substituição do trabalho do índio e do negro escravo de carregar nos ombros e cabeça sacos e caixas de mercadorias, aumentando o volume conduzido e reduzindo o tempo de transporte. E mesmo do carro de boi e do cavalo, ali onde a topografia não lhes é apropriada, vencendo dificuldades e caminhos que só a resistência e a força do muar são capazes de realizar, como nas áreas de mineração de Minas Gerais.

A fonte dos muares de início é a mesma da manada bovina do extremo sul, os prados onde pastam livres, junto aos bois e carneiros. São os mesmos os paulistas que os vão caçar para trazer, leiloar em Sorocaba e vender no planalto central. E os mesmos os caminhos que se põem ao transporte das manadas de gado.

No geral, o papel das tropas na evolução e formatação do espaço colonial se confunde com o da expansão do gado. Mas o gado bovino é uma forma particular de resposta ao problema da demanda de suprimento alimentício que vem com o enorme e precipitado afluxo de população trazido pela descoberta do ouro no final do século XVII em Minas Gerais e primeiras décadas do século XVIII no Mato Grosso e em Goiás. E as tropas de muares, ao problema do transporte de carga. De modo que de início rotas de gado e de tropas se confundem, uma vez que o problema do abastecimento é no imediato o mais premente. A atenção quase exclusiva que se dá à exploração do ouro pela numerosa população que se dispersa pelos núcleos de mineração em contraste com a pouca dada à produção de meios de subsistência gera um estado agudo de insuficiência de abastecimento e carestia, que dessas áreas se irradia para toda a colônia, de onde tem que se ir buscar o alimento.

O carreamento da produção alimentícia de outras áreas para as da mineração se de um lado estimula a especulação de preços nos centros mineiros e dá origem por tabela a um estado de escassez generalizado na colônia, por outro valoriza o papel de distribuidor que então o tropeiro assume, transportando e comercializando produtos alimentícios em caráter regular e permanente até onde chega a tropa de burros. Na contrapartida, a tropa leva os produtos de exportação dessas áreas até os portos do litoral.

Num trabalho de formiguinha, as tropas baixam os produtos das zonas mais afastadas para os portos do litoral com destino aos mercados externos e daí voltam para levar para esses mesmos confins os produtos importados. Nesse mister, uma tropa, que reúne de sete a duzentos e mesmo trezentos muares, transporta em mercadorias de diferentes tipos uma carga somada de, às vezes, 24 mil quilos, numa viagem que do Rio de Janeiro a Cuiabá, passando por Goiás, pode durar três meses.

Com o tempo, é esse comércio de dupla via que se torna o objeto das tropas. Estas levam dessas áreas os seus produtos de exportação (ouro, pedras preciosas, algodão, couro, açúcar) até os portos do litoral. E trazem em retorno produtos importados (roupas, calçados, sedas, veludos, utensílios metálicos, louças, armas) junto aos produtos alimentícios (sal, farinha, cereais, charque, toucinho).

As monções de povoado

Ali onde tropas e tropeiros não chegam, o sertão ocidental particularmente, chega o comércio monçoneiro.

As monções são frotas de comerciantes abrangendo a mesma extensão da área central de ação dos tropeiros, mas usando como via os rios e por meio de transporte as canoas (Holanda, 1976 e 1986). Rios e canoas assim aqui se combinam, interligados não raro a marchas a pé ali onde não deixa alternativas o vencimento de quedas d'água e interflúvios. Mas também se combinam matas e canoas. As matas fornecem o material de fabrico das canoas, as diferenças regionais da vegetação conduzindo ao uso de tipos de material e de barco produzidos. Há, assim, intrínseca imbricação entre a durabilidade histórica das monções e a preservação das matas, a extinção destas implicando na daquelas, razão pela qual e o movimento monçoneiro praticamente morre nos finais do século xviii, junto à mineração e às reservas de mata, sistematicamente destruídas para a fabricação de barcos.

Variando de tamanho e quantidade de barcos, a frota monçoneira transporta uma média de 300 arrobas de carga, dependendo ainda da logística montada ao longo do percurso, sobretudo onde a baldeação é necessária. Aí, estruturada num arraial cercado de roças de milho, feijão, abóbora, banana e mandioca, pastos para criação de gado de corte e quintais para a de gado miúdo (porcos e galinhas), a organização logística fornece à monção, além do repouso, os meios necessários como bois de tração e carro à passagem de um trecho encachoeirado, de um ponto para outro do rio ou de uma bacia para outra através do interflúvio, além de provisões (sal, fubá de milho, farinha de mandioca, feijão, arroz, toucinho, charque) para a continuação da viagem.

Toda uma progressão dessa logística e técnica de manutenção se aperfeiçoa no tempo, melhorando o trajeto da frota, a comodidade das embarcações e a segurança do transporte da carga. Sobretudo, busca-se tornar mais simples e curto os caminhos, muitas vezes aproveitando-se as trilhas abertas pelos bandeirantes. Assim, o caminho por Vacarias, que após o Tietê segue pelos rios Paranapanema e Ivinhema, afluentes do Paraná, e Pardo-Anhanduí, dá lugar ao que sobe o Pardo e o Sanguexuga e a seguir o varadouro do Camapoã, onde é instalado, a meio caminho do itinerário, um dos pontos-chaves de apoio logístico, reduzindo tempo e distância até os ermos de Cuiabá. Do mesmo modo, procede-se com o conforto da embarcação a segurança da carga, dotando-se a barca de um toldo e um sistema de cobertas que protege as mercadorias e a tripulação de intempéries. Ao lado da regularidade que assim se obtém, essas medidas aumentam o movimento da circulação e o volume da carga e mercadorias transportadas (fazendas, ferragens, louças, chapéus, pólvora, armas, cereais, sal) que chegam do planalto paulista aos lugares mais inóspitos e longínquos, e têm na contrapartida da volta o escoamento das mercadorias locais (ouro, principalmente) em retorno ao planalto. Tudo em longas viagens entre São Paulo e Cuiabá que se estendem de maio-junho, aproveitando-se que o nível dos rios é ainda apropriado, a outubro-novembro, quando se regressa de Cuiabá ao planalto paulista.

A rede mascateira

Esse percurso de grandes fluxos se completa no trabalho miúdo e multíplice do mascate, o mercador ambulante, nômade e individual que percorre cidades, povoados e fazendas do litoral e interior oferecendo suas mercadorias de pequeno porte e requinte (Goulart, 1967).

É um comércio andejo cujo alimento é o povoamento disperso da colônia, a quase absoluta autarcia das fazendas, o pequeno tamanho do mercado das cidades, pouco propícios à instauração de um comércio fixo de maior porte. Indo a todos os cantos, mesmo os mais difíceis, tão logo pode, o mascate adquire uma ou mais mulas de carga e abandona o transporte a pé com a mala às costas, aumentando sua capacidade e raio de atendimento, ofertando um volume maior de objetos à venda. Quando se fixa, acompanhando o progresso geral da colônia, instala num ponto estratégico uma loja-empório e emprega vendedores andarilhos, que, como ele, vão manter a freguesia dispersa e ampliar o alcance do comércio ambulante.

Na mala que carrega às costas ou no lombo da mula, há de tudo que agrade e agregue essa freguesia, que aí encontra bijuterias (colares, brincos, pulseiras, anéis, broches), utensílios (talheres, louças, tesouras, agulha e linha, fitas, botões, abotoaduras, sombrinhas, esporas), panos (rendas, camisolas, calças, meias, camisas) e medicamentos.

A ideologia urbana e os problemas do arranjo espacial colonial

Junto à circulação das mercadorias circulam também, pelas trilhas do gado, das tropas e tropeiros, do comércio monçoneiro e dos mascates, as notícias difundidas por estes últimos dos mais recentes acontecimentos da política, moda e costumes da corte, levadas amplamente para os quatro cantos da colônia. De modo que o retorno da centralidade plantacionista traz de volta o domínio do senhorio agrário e litorâneo, mas já com sinais de um fim de era. O custo crescente da renda diferencial de localização e fertilidade, a concorrência da produção açucareira caribenha para onde os holandeses se transferem uma vez expulsos de Pernambuco, o preço elevado da guerra tapuia e palmarina. A multiplicação de áreas e núcleos de vida própria trazida pela integração das trilhas e cidades. Tudo fala de uma centralidade que retorna fragilizada. E de um quadro de necessidade de mudanças que progressivamente se manifesta.

As macroformas e a diferencialidade espacial

Os vetores da ocupação do espaço disponibilizado que se instala pelas três faixas geobotânicas são os ciclos econômicos que se sucedem no correr dos séculos XVI ao XIX. Cada ciclo, num total de quatro, dá origem a um recorte de macroforma. E embora cada macroforma mais pareça um ponto de fuga que as trilhas e os centros urbanos vão ligando como um todo de diferenças, cada uma delas traz para o ordenamento do espaço disponibilizado em formação uma determinação de arranjo de efeito acumulativo na feitura desse todo diferenciado, respondendo por uma espécie de etapa de organização. O ciclo do pau-brasil, localizado ao longo da faixa costeira no correr dos séculos XVI e XVII e que dá origem aos primeiros contatos do colono com o gentio, responde por um arranjo de feitorias. O ciclo da cana-de-açúcar, localizado no correr dos séculos XVI ao XVIII e introdutor dos núcleos do início efetivo da colonização, por um arranjo de centralidade partindo do litoral. O ciclo da mineração, interiorizado entre o final do século XVII e o final do século XVIII nas áreas do planalto, por um arranjo de contraponto urbano que reordena a centralidade partindo da cidade e do interior. O ciclo do gado, fluido e múltiplo em seu espaço-tempo, por um arranjo que arruma o todo numa colmatagem que o amalgama e o integraliza. E o ciclo das drogas do sertão, localizado no vale do Amazonas nos séculos XVI ao XVIII, por um arranjo que o arruma num olhar do passado aldeão que espreita. Quatro ordens de arranjo de espaço dentro de uma mesma ordem total, onde se mantêm com fala própria até que no século XIX o ciclo do café resgate o plantacionismo e por este meio retotalize o todo sob uma nova forma de centralidade e ordem.

O fundo comum às diferenças

Facilita-o nessa tarefa justamente esse quadro estrutural de características comuns em meio às diferenças, reforçando as primeiras para redimensionar as segundas, sob a égide de um Estado em franca mudança.

A forma, o ritmo e o volume como motores da acumulação compõem uma primeira característica, com centro na expropriação e partilha do sobretrabalho escravo como uma espécie de "lei" maior da organização espacial da colônia. A natureza a um só tempo de integração e de autarcia das macroformas tem aí sua lógica.

A determinação das regras da forma-valor é uma segunda. O aspecto organizacional é função da disputa dos lucros, a renda diferencial de localização e fertilidade, uma forma-valor antes de tudo de mercado, se impondo como lei de ordenamento. É interessante observar o modo como um cronista da época, o autor anônimo do *Roteiro do Maranhão a Goiás*, obra de 1815, vê a dinâmica locacional das formas de produção:

> O povoador, ou seja o agricultor ou seja o comerciante, de nenhuma maneira estenderá povoamento, cultura e comércio para o interior do país, indo se estabelecer naqueles lugares dos quais, sendo conduzidas as produções aos portos (de exportação), não possam com o valor que eles tiverem, pagar tanto o trabalho da aquisição (produção) como as despesas das conduções e transportes. Daqui se segue que o valor que tiverem nos portos respectivos as produções [...] será a regra que fixa o limite da extensão da povoação, cultura e comércio para o interior do país. (Apud Prado Jr., 1961: 127)

Grande parte dos problemas de custo do plantacionismo vem da contradição da monocultura itinerante com o primado do transporte.

Essas duas características comuns se clarificam em outras três, mais individualizadoras das interações interno-externas das macroformas: a centralidade do sobretrabalho escravo, a coerção do capital de investimento e a subversão sesmarial das comunidades e circuitos de subsistência.

O sobretrabalho escravo é uma onipresença, mesmo no espaço autônomo da policultura. Patente na *plantation* e na mineração e menos presente na pecuária, é a relação basilar do conjunto. É fato que a força da classe senhorial vem do número de escravos de sua propriedade. Seu acesso à concessão de terras a isso está condicionado, como igualmente a sua presença nos órgãos do poder. Por sua vez, encontramos na mineração a presença do escravo na própria sistemática de doação das datas: como o número exigido para o exercício da mineração é um mínimo, o acesso à terra revela-se mais democrático nas áreas mineiras que nas de *plantation*. Também por isso é maior a estratificação social no espaço mineiro. Mas mesmo com isso o espaço distribui-se desigualmente, os proprietários mais ricos em propriedade de escravos adquirem maior extensão de terras. Razão pela qual mais da metade das lavras auríferas encontra-se sob o controle de menos de um quinto de proprietários de escravos. Na pecuária, em que encontramos a coexistência da rigidez e da mobilidade social vertical, a presença do trabalho escravo (negro e índio) se prolonga por longo período e sua substituição é desigual no tempo e no espaço. Esse menor peso de presença deriva da fraca rentabilidade do empreendimento da pecuária, em contraste com o preço elevado do escravo.

O montante do investimento requerido é um outro traço mais distintivo da produção de cada macroforma, comparativamente à sua rentabilidade. Nas *plantations* o montante dos investimentos é altamente elevado, em comparação com qualquer outro setor produtivo da colônia. É nela elevado particularmente pelas implicações da escala de produção e da elaboração industrial. A despesa com a força de trabalho escravo situa-se entre 25% a 30% do dispêndio global na *plantation* açucareira, recuperável no espaço de tempo de dois a três anos, isso indicando a altíssima rentabilidade do empreendimento. Na pecuária há baixa rentabilidade, implicando baixo investimento, sobretudo para aquisição de escravos negros. Já na mineração a rentabilidade cobre largamente os investimentos, não necessariamente elevados. O balanço investimento-rentabilidade é, contudo, no geral positivo.

A mais diferente das macroformas, a pequena policultura, não prevista como forma de propriedade na lei das sesmarias, é o elemento central na estrutura da colônia. Em geral localizada às margens das trilhas de circulação, dela vêm os meios de subsistência que provêm de alimentos as fazendas de lavoura do litoral, as fazendas de gado da hinterlândia, as áreas de mineração do planalto e as cidades. Daí a ubiquidade e a impossibilidade de calcular-se a população total e o número de pequenas áreas de policultura de subsistência espalhadas pelo território da colônia. Mesmo na mineração a policultura é encontrada. E mesmo na fazenda de gado. Inclusive em sua forma dominial. Na *plantation* é uma presença que faz o custo do escravo que esta empresa quase se resumir aos gastos de aquisição, já que as despesas de reprodução são transferidas para a lavoura de subsistência. As formas combinadas de renda natural – o que se produz domesticamente para uso e consumo doméstico em que se incluem os alimentos – equivalem aí em média a 30% da renda líquida total, oscilando entre 10% nas conjunturas de alta e 50% nas conjunturas de baixa da exportação açucareira.

Adjudicadas às terras da grande lavoura, a policultura acompanha a trajetória migrante desta, em função da qual se distingue sob duas formas: a que nasce nas linhas de frente e a que nasce na retaguarda. Enquanto a policultura da linha de frente é dinâmica, a de retaguarda incorpora o quadro de decadência e abandono do espaço pela grande lavoura em sua marcha para adiante. Daí que a policultura da linha de frente seja igualmente de mercado e itinerante. E a policultura de retaguarda herda a tradição comunitária, aí se multiplicando as comunidades de caboclos, muitas vindo do acaboclamento dos aldeamentos indígenas, de escravos fugidos ou libertos, de agregados, reunidos em núcleos rurais autônomos.

A SUBJACÊNCIA ESTATAL

É o Estado colonial português, todavia, a estrutura de suporte de conjunto do todo. A instância política que legitima e organiza a colônia num horizonte territorial posto para além daquele do arranjo econômico e demográfico. Estruturado em fazendas de lavoura e fazendas de gado, dispersas por um arranjo de espaço demarcado pelos limites da fronteira de povoamento, o espaço colonial tem seus limites reais no horizonte do abarcamento institucional do Estado.

Pode-se, então, falar de um quadro aparente formado pelo arranjo econômico-demográfico e de um quadro real formado pela rede de vinculação política e institucional do amálgama do Estado, numa trama de visível-invisível da qual a oposição litoral-sertão é uma forma peculiar.

A força do sistema

O fato é que os limites político-territoriais confinam os limites do espaço real, nele integrando-se as fronteiras demográficas e econômicas. Dele é que emanam a política sesmarial, a política indigenista e a política territorial em seus entrelaces com o arranjo econômico-demográfico. E o funcionamento da logística do enfrentamento dos contraespaços sem a qual o arranjo plantacionista não sobreviveria. A ocupação econômico-demográfica é parte restrita desse todo territorial jurídico-político e dessa forma a ele obedece e nele se enquadra em sua trama de relações de arranjo englobante.

O Estado colonial português é o quadro global de que a fazenda plantacionista é o dado pontual. Um quadro geograficamente maior que o paisagisticamente visto. A fixação costeira da *plantation*, a localização litorânea da população, a mobilidade itinerante dos aparelhos produtivos, a natureza de conquista da cidade, mas também a ossatura linear e de penetração da rede viária, a oposição litoral-sertão são os tantos aspectos desse fato.

É o Estado a instância de totalidade que unifica o arranjo disperso da fazenda de lavoura e da fazenda de gado, a base logística sobre a qual a *plantation* integra as outras macroformas numa só ordem de espaço. É diante dele que se pode falar de um arranjo espacial disperso e desconectado tal como é o das fazendas, das minas de ouro, das áreas de policultura, das comunidades solitárias, das cidades, entendendo-se estar falando de uma totalidade diverso-integrada. Um espaço de laço global que faz a fronteira econômico-demográfica da fazenda plantacionista ir para além da autarcia de cada senhorio. E leva o sistema colonial a renascer a cada vez que um novo produto-rei, como a cana, o ouro ou as drogas do sertão extrativista, redesenha o arranjo distributivo dos homens, dos aparelhos produtivos, do fluxo de relações, reorientando sem solução de continuidade seu universo de integração.

A crise colonial e o nascimento do Estado-nação

No umbral do século XIX, todavia, as contradições desse sistema estão agudas, aceleradas pela visão urbana de mundo que através de trilhas e multiplicação das cidades o ciclo da mineração experimentara. O aumento extraordinário da população e das cidades que vem com este ciclo pressiona o mundo institucional da colônia. Defronta-se com a estreiteza de sua ideologia rural. E coagula o quadro das tensões.

Dos cinco milhões de habitantes que agora a povoam, um terço é formado de escravos e fermenta a formação de quilombos, estimulados pela experiência de Palmares. É equivalente o número de homens livres abandonados à sua sorte, multiplicado por uma profusa infinidade de áreas de policultura posseira e pequenas comunidades territorialmente espalhadas fora do controle do Estado. E, embora drasticamente reduzida de seu antigo contingente, é ainda numerosa a população indígena, localizada nos aldeamentos ou nos refúgios da mata amazônica.

O pico da mineração terminara. O reânimo da lavoura canavieira é ineficiente. E inicia-se, assim, a longa travessia que vai fundar um novo marco de Estado, o Estado nacional, à base da sobrevida plantacionista centrada no ciclo do café. E que se confunde à transmigração que reorganiza o Estado colonial português com a família real em terras da colônia.

As grandes arrumações que são feitas tendo em vista montar um aparato de Estado antecipam a passagem do governo para as mãos da velha elite plantacionista, jogando na aventura urbana uma sociedade então acomodada aos rincões rurais da fazenda.

Um contraespaço de fim de fase: as guerras guaraníticas

É preciso, entretanto, acertar contas com o último dos contraespaços que agita a ordem colonial: as reduções comunitárias das missões guaraníticas.

As reduções missioneiras são o mais longo dos movimentos de contraespaço emanados da contestação ao ordenamento sesmarial privatista que brota da disponibilização do espaço indígena. Dura de 1610 a 1804, atravessando todo o período de existência da colônia. E termina com ela (Flores, 1986).

Localizadas em diferentes áreas da bacia do Paraná e do Uruguai, em terras atuais da Bolívia, Paraguai, Argentina e Brasil, mas então pertencentes à colonização espanhola, as missões eram comunidades de índios guaranis organizadas por padres jesuítas. E que tinham que enfrentar no correr de quase dois séculos de existência, num primeiro momento, os ataques de preação bandeirante e, num segundo, os conflitos das Coroas de Portugal e da Espanha.

Nesse longo tempo que atravessa três tratados internacionais – o Tratado de Tordesilhas (1493), o Tratado de Madri (1750) e o Tratado de Santo Ildefonso (1777) –, as missões tiveram que travar constantes guerras, uma vez que sua estrutura de modo de vida comunitária contrasta com a individual e privada seja da sociedade de colonização portuguesa, seja de colonização espanhola. Diferindo por outro lado do regime de aldeamentos jesuítas da colônia portuguesa com sua política de descimentos, a redução missioneira é uma forma de sociedade que reproduz no âmbito societário dos índios guaranis da bacia do Paraná as experiências comunitárias implementadas no México (1572), Peru (1568) e Canadá (1611) por diferentes congregações religiosas. Guarda, entretanto, junto aos traços essenciais do modo de vida comunitário da sociedade guarani os urbanos da colonização espanhola e os agrários da colonização portuguesa, definindo-se, assim, por uma forma de arranjo espacial que é a um só tempo urbana e rural.

A face urbana vem por conta de um núcleo central formado por um conjunto de construções arrumadas ao redor de uma grande praça quadrada, ladeada na lateral leste, norte e oeste por blocos residenciais em "U" e na lateral sul por uma linha de blocos de prédios de atividades propriamente urbanas, com a igreja no meio. Na ala das habitações os blocos reúnem de seis a doze casas arrumadas num eixo ortogonal, agregando uma mesma família sob o governo de um cacique e separando-se por um traçado de ruas retas e alongadas. Já na ala da igreja de um lado estão as oficinas, o colégio e o rancho de hóspedes e de outro o cemitério, o hospital e o cotiguaçu (local onde se alojam as viúvas e onde as moças aprendem a bordar, costurar e fazer renda). Atrás, ficam um pequeno pátio e a casa dos padres, além do pomar e da horta, todos interligados através do pátio. As oficinas, o pomar e a horta formam um só conjunto com a escola, fazendo parte ainda do conjunto o refeitório e a cozinha. Na escola, meninos e meninas aprendem música, canto e são alfabetizados na língua guarani. No pomar e na horta os meninos aprendem técnicas agrícolas e produzem alimentos para consumo dos alunos da escola, dos doentes do hospital e das mulheres do cotiguaçu. E nas oficinas esse aprendizado é complementado com a aquisição do domínio de um ofício junto aos artesãos da comunidade. É uma educação voltada para o trabalho e que rompe com a divisão do trabalho indígena, integrando também os homens às lides agrícolas – definidas como uma função das mulheres na tradição indígena – e pastoris. A praça central, por fim, polariza e unifica todo esse espaço. Nela a comunidade se reúne nos eventos principais, nos momentos de festas e nos de tomadas de decisão do interesse comunitário, o conjunto urbano lembrando, numa reprodução, o arranjo das habitações em círculo da taba dos índios e no seu desenho quadrado a praça das cidades de colonização espanhola.

Já a face rural vem por conta da organização periférica que rodeia o núcleo urbano, espraiada numa extensão de quilômetros de distância. Aí distinguem-se o espaço agrícola, dividido em amambaé, área de lavoura privada das famílias, e tupambaé, área de lavoura da comunidade, e os pastos de criação de gado. No amambaé trabalham as famílias que se alojam nos blocos habitacionais do núcleo urbano. Reproduzindo a estrutura de mando dos blocos, o cacique divide os lotes rurais no âmbito do amambaé numa extensão equivalente à distribuição das casas por famílias, o lote rural complementando o modo de residência urbana. Já no tupambaé trabalham todos, numa estrutura que reproduz a vida coletiva da comunidade. Do conjunto do amambaé e do tupambaé saem os gêneros agrícolas que vão sustentar a subsistência dos membros da comunidade, que se reforçam pela repartição dos produtos vindos da exploração comunitária dos ervais dos rios. A área do gado, por fim, complementa o ordenamento do território. Dividida em grande número de estâncias, cada estância é administrada por um padre e dispõe de capela e ranchos habitados pelos peões e seus familiares, destacando-se o curral e o erval. Disposto no formato de um amplo quadrado cercado de pedras, o curral é ocupado em cada canto por um rancho, onde mora a população responsável por seu funcionamento e guarda. Nele se reúnem o gado trazido das estâncias para o abate, destinado ao abastecimento semanal do povoado, e, ainda, os cavalos de montaria e os bois empregados nos trabalhos agrícolas. E é o curral que faz o elo de contato do núcleo urbano com o espaço das estâncias mais distantes.

Complexa, comunitária e territorialmente muito ampla, a redução é objeto de vigilância permanente da elite colonial do lado espanhol e do lado português. Daí modelar-se numa reprodução da vida comunitária habitual das tribos guaranis, mas ordenar-se na forma de uma gestão centralizada e hierarquizada sob o mando jesuítico. A gestão dos grupos de famílias nos blocos e quadras do núcleo urbano é de estrita responsabilidade da comunidade indígena, através do mando do cacique, cuja liderança se estende do núcleo urbano ao respectivo amambaé, redistribuindo a terra a cada sinal de esgotamento de fertilidade dos solos e de viciação do seu uso, quando então tem lugar um revezamento do uso da área interna do domínio familiar. Acima dos caciques fica o cabildo, uma espécie de administrador do povoado, também indicado pela comunidade indígena. Acima do cabildo põe-se uma pirâmide vertical de poderes, em que os padres ocupam o andar de cima, administrando a missão, acima destes estando só os governadores e o vice-rei da colônia espanhola, o topo sendo dividido entre o poder do papa e do rei da Espanha.

Organizadas, no geral, nesse formato espacial, as missões jesuíticas multiplicam-se a partir de 1610 ao longo das margens oriental e ocidental do rio Paraná, aí se instalando e reinstalando até sua extinção em 1804. Três grandes etapas distinguem, assim, sua evolução: de 1610 a 1641, de invasões bandeirantes do lado brasileiro; de 1641 a 1768, do surgimento dos Sete Povos das Missões; e de 1768 a 1804, final.

As primeiras missões surgem em 1610, erguendo-se simultaneamente nas terras atuais do Paraguai, Argentina, Uruguai e Brasil. Das 32 missões situadas em áreas do território brasileiro atual, 14 localizam-se na região do Guairá, distribuindo-se pelos vales do rio Paranapanema, Ivaí e Piquiri, no centro-noroeste do estado do

Paraná, e 18 na região do Tape, distribuídas pelos vales do rio Ijuí, Ibicuí e afluentes da margem esquerda do Jacuí, no centro-noroeste do Rio Grande do Sul. Forma-se, assim, nessas áreas, uma alta concentração de índios aldeados, que desde o início atrai a cobiça bandeirante, e leva os paulistas a uma intensidade de ataques e invasões cujo número e violência aumentam entre 1629 e 1641 com a fusão das Coroas de Portugal e da Espanha na União Ibérica. Mas igualmente com o aumento da demanda que à mesma época é criada pela dominação holandesa no litoral canavieiro do Nordeste. A reação militar das reduções que derrotam as forças bandeirantes em 1640 na Batalha de Mbororé põe fim a essa fase.

Um longo tempo de paz relativa toma conta então do cotidiano missioneiro. Que termina em 1680, quando da criação da Colônia do Santíssimo Sacramento pelos portugueses, na margem esquerda do rio da Prata. E o conflito de fronteiras que então se estabelece entre as Coroas de Portugal e Espanha, com o território missioneiro no meio. De parte dos portugueses, a criação da Colônia do Sacramento é justificada no objetivo de consolidar posições obtidas na região quando do período da União Ibérica, bem como no interesse de controlar o contrabando de prata e outros produtos das colônias espanholas que flui pela boca do rio. De parte dos espanhóis, justifica-se no interesse de expansão dos portugueses sobre o território espanhol. Visando criar um posto de vigilância e estabelecer um ponto de resistência a esta expansão, a Coroa espanhola estimula a criação das reduções dos Sete Povos das Missões, sete reduções instaladas no atual noroeste do Rio Grande do Sul, então de domínio espanhol. Três delas são recriações, as cinco restantes são missões novas. São elas: São Nicolau (1626), São Miguel (1632), São Luís Gonzaga (1673), São Borja (1690), São Lourenço Mártir (1691), São João Batista (1697) e Santo Ângelo (1706). O mesmo modelo geral de arranjo espacial é aí introduzido, com apoio no apresamento do gado ainda selvagem que é encontrado na região das Vacarias do Mar.

As vacarias são áreas de gado solto que surgem no sudeste do atual estado do Rio Grande do Sul, ao longo da margem direita do rio Jacuí, em decorrência da própria anterior destruição e fuga das antigas missões do Tape para o lado paraguaio do rio Paraná. O gado assim multiplicado vai ser agora amansado e incorporado às estâncias dos Sete Povos das Missões. Inspirados na Vacaria do Mar, os missioneiros criam no noroeste a Vacaria dos Pinhais, uma área distinta daquela, pela especialização em mulas e ovelhas.

Acresce que a Vacaria do Mar havia sido nesse tempo a origem também de muitos conflitos de sesmarias entre portugueses e espanhóis, instalando nessa área um clima de conflitos que agora se expande com a fundação da Colônia de Sacramento.

O crescimento do conflito é, entretanto, dirimido pelo estabelecimento do Tratado de Madri, de 1750, num acordo de fronteiras que transfere para Portugal o território dos Sete Povos das Missões e para os espanhóis a Colônia do Sacramento.

Decidida entre as Coroas, e à revelia dos jesuítas, discordantes dos seus termos, essa troca produz entre os índios um estado de insurreição. Interpretando o acordo como uma traição dos jesuítas, os índios rompem suas relações com eles e em 1754 declaram estado de guerra. Esta explode com o ataque à comissão portuguesa enviada ao local para o fim de demarcação de fronteira, num ato que as Coroas de Portugal e Espanha tomam como rebeldia, respondendo com uma ação militar conjunta. O conflito se estende até 1756, com a derrota dos índios na Batalha de Caiboaté. A região dos Sete Povos das Missões é passada para o domínio português. Mas o território da Colônia do Sacramento é reivindicado pela população uruguaia. A guerra de conotação nacionalista que assim explode mobiliza e envolve a população residual dos Sete Povos em combates de fronteira que se estendem até 1804. Terminada a guerra, uma linha nova de fronteira divide o território platino em três países. E os índios guaranis são dissolvidos como etnia organizada.

DA FAZENDA À CIDADE E À FÁBRICA

O sistema colonial se desfaz quando, paradoxalmente, vê firmar-se seu corpo territorial. Rompido aqui e ali pela trilha de bandeirantes, de jesuítas e do gado, o marco de Tordesilhas não se cumpre como marco. E o Tratado de Madri no fundo se revela uma demarcação espinhosa. Todavia, virado o século XVIII para o XIX, o marco territorial está no essencial delimitado. É quando o sistema colonial finda. E uma nova forma de arrumação do espaço se estabelece. De um lado altera-se o arranjo econômico-demográfico e de outro, o institucional do Estado, numa nova ordem de relação do visível e invisível. O rearranjo econômico-demográfico vem da reafirmação cafeeira da centralidade plantacionista e o institucional da emergência do Estado nacional.

É a cidade, entretanto, a referência do novo ao tempo que a fazenda mantém-se como base. Cabeça do Estado nacional, a cidade é o centro político de um arranjo de espaço de que a fazenda é o cerne econômico. Aos poucos, entretanto, entre elas emerge a fábrica como elo de interseção.

A SOLUÇÃO FEDERALISTA E OS MARCOS DE VALOR DA TRANSIÇÃO

Passar para uma nova ordem de espaço supõe o arranjo do dado político primeiro. O campo geral dos acordos. Segue-se-lhe o arranjo econômico. É preciso, assim, formatar o marco do invisível, acertando-se a seguir o marco do visível, mas na consonância da reciprocidade de correspondência que se faz necessária. E a consonância vem pelo lado do invisível com o federalismo e pelo lado do visível com o suporte cafeeiro.

Todo um movimento de pactuação assim vai se dando por dentro da arrumação do espaço emergente. Ao tempo que o rearranjo demográfico-econômico vai transferindo recursos e meios das macroformas para a cafeicultura emergente, uma nova estrutura de equilíbrio de hegemonia e poderes sobre esta vai se assentando.

O pacto federalista

A metrópole introduzira o município como o nível de base do arranjo do espaço político interno da colônia, a capitania surgindo como nível intermediário e a Coroa portuguesa como teto. O município é então visto como o campo dos acertos de dissonâncias, o fato territorial de alojamento da câmara e a cidade enquanto aparatos de funcionamento. Ordenado no mesmo plano de base da fazenda, o município torna-se assim o chão de barganha e de acertos políticos onde o fazendeiro é reconhecido pela Coroa como elite e a Coroa é por este reconhecida como centro real de governo. E lugar então onde os atos frequentes de rebeldia do dono da fazenda e os autoritários do governo da metrópole são resolvidos. Tornado ordinariamente representativo a um só tempo do colono-fazendeiro e da realeza-Coroa, o município é todavia mais um prolongamento dos olhos e braços desta que uma viga de poder do fazendeiro. Cabe à Coroa criar o município. E definir seu perfil. Em geral o faz antes mesmo que o povoamento. E junto a ele cria a Câmara e a cidade. Ao tempo que com isso fomenta o povoamento. Tendo, assim, que distinguir as funções respectivas de cada um desses entes, a Coroa define o município como um recorte administrativo, a Câmara como instância de governo e a cidade como elo de aglutinação territorial de um povoamento corriqueiramente disperso. E com isso vincula a Câmara e a cidade ao município, ao tempo que este àquelas, a Câmara e a cidade sendo as formas de poder do município, e o município sendo a base organizadora do território que funciona por intermédio da Câmara e da cidade (Leal, 1975; Faoro, 1975).

É a Câmara Municipal, assim, o fórum político verdadeiramente. Situada dentro do município, a Câmara é a instância de fato de mediação da relação fazendeiro-Coroa, ou em tese, e a cidade a instância do controle. E, tal como se estivesse compartilhando de uma divisão de trabalho, a Câmara passa a ser o fórum dos acertos e a cidade, o ente de Estado. Daí que a população e a elite plantacionista com frequência criem a vila, mas esta só vire cidade e veja seu papel e importância de fato serem explicitados uma vez declarada cidade pela metrópole. É quando a vila ganha o direito ao pelourinho, símbolo de poder da Coroa, e com ele os demais apetrechos urbanos. Posto no meio da praça central, e assim em frente aos olhos de todos, ao redor do pelourinho a Coroa ergue os prédios da alfândega, da Câmara, do cárcere e do aparato da administração – mas não é raro ser o mesmo o prédio da Câmara, do cárcere e do aparelho administrativo de governo – e os padres, a igreja. Surge então a cidade. Que significativamente empresta seu nome ao município.

A expansão numérica das fazendas de lavoura e dos engenhos pela faixa da mata e das fazendas de gado e núcleos de mineração pela faixa campestre multiplica e difunde em escala o número de vilas e cidades, ajudando com estas a quebrar e dividir as capitanias em municípios, aumentando assim também o número destes e junto a eles o número das Câmaras, num aumento em progressão da massa crítica dentro da colônia.

A emergência do Estado nacional federativo vai consagrar essa estrutura. O município é declarado base da malha administrativa; a província, instância intermediária e o imperador, poder central. E na relação de correspondência, a Câmara, a base política do município, a Assembleia Legislativa, da província e o Senado, do Império. A cidade é por sua vez declarada sede de município, reafirmada como um ente político, e assim *locus* da Câmara Municipal, da Assembleia Legislativa provincial e do Senado imperial.

É assim que sob nova forma de qualidade o arranjo político plantacionista se transporta para o período da Monarquia e logo a seguir da República, a Constituição consagrando-o como o termo geográfico da pactuação.

Não é uma reiteração pura e simples, entretanto. O federalismo é a equação espacial encontrada para exprimir o pacto de interesses da elite rural, harmonizando diferenças e tensões no plano local e no plano do todo com o governo central. Pauta esta equação o embate entre a centralização e a descentralização. E que atravessa todo o período da Regência.

Há uma concordância geral quanto ao regime monárquico, mas não quanto ao formato institucional e administrativo do Estado. O problema está no poder real a ser dado às províncias. Por fim, pelo modelo adotado – aprovado após longos debates no parlamento – a província é definida como a instância posta acima do município e abaixo da União e a ser governada por um presidente indicado pelo imperador. Isto é, uma instância do poder descentralizado, ao tempo que um órgão de poder pessoal e central do imperador. E é este mesmo sistema que, alterado para expressar o poder oligárquico da União ao município, se passa para a República.

De modo que, por mais que as elites locais divirjam e se sublevem – e são muitas as sublevações no período das Regências e na República –, o interesse da unidade territorial do Estado prevalece. E sempre se confirma a flexibilidade solvente da instituição federativa (Prado Jr., 1963).

É um acordo, entretanto, que se faz mediante outro: o acerto da lei de terras. A lei das sesmarias é abolida junto à independência, em 1822. O número de ocupações da terra em forma de posse, por grandes e pequenos, multiplicara-se no tempo e em tais proporções que o diploma legal já não mais as regula. Sobretudo ali onde os conflitos são por apropriação das terras devolutas, inevitável numa agricultura e pecuária regidas pela lei da itinerância.

A nova regulação vem com a lei de terras de 1850, mediante a qual as terras devolutas são de propriedade do Estado, cabendo a este velar por seu uso ou alienação, e o ato de compra e venda, de terras públicas ou privadas, é doravante a forma legal de aquisição.

Formulada, todavia, como parte e peça-chave do pacto federativo, a lei de 1850 visa antes de tudo a terra ao mercado, tomado como barreira de acesso ao pequeno e assim modo de reafirmação da grande propriedade como a base fundiária do sistema. Por isso, logo as terras devolutas são entregues à administração da esfera provincial, deslocando para as mãos das próprias oligarquias rural-municipais o controle de sua alienação e das suas contendas fundiárias (Martins, 1981).

Acertados como nível de afirmação dos poderes dessas elites, município e província formam, assim, a base do mecanismo de arranjo do Estado federativo. No que o município vê-se apenas reafirmado em sua função, reiterado na Monarquia e na República no que era na Colônia. Junto à reafirmação das funções da cidade, declarada sede de município. Daí que efetivado o pacto federativo, muitas são as fazendas transformadas em município. E suas sedes, em cidade. De que vai resultar a transformação da província e das Assembleias provinciais em um poder de agregados de municípios arrumados como elos orgânicos de suas bases políticas. Sinônimo de base política dos "coronéis", instituição criada com a conversão do antigo corpo de milícias e ordenança da colônia na Guarda Nacional, fonte dos tantos títulos que apenas visam organizar a nova vida política da oligarquia fazendeira e seu corpo pessoal de guarda.

A cabanagem: o contraespaço de transição colonial

Atravessado de controvérsias e discordâncias, o pacto federativo tem nos arranjos da independência seu primeiro desafio. Muitos são os conflitos de acerto intra-oligárquico que se transfere para o campo dos embates nativistas. E muitos são os embates nativistas que evadem do seu controle, para virar um movimento de fundo insurrecional (mapa 5).

DA FAZENDA À CIDADE E À FÁBRICA

MAPA 5: CONTRAESPAÇOS COMUNITÁRIOS E NATIVISTAS

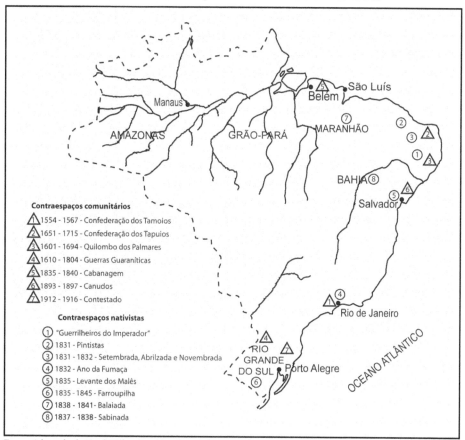

Fonte: Adaptado de Fazoli Filho, Arnaldo. *O período regencial*, 1990.

A cabanagem é uma dessas extrapolações. Surgida como um contraespaço nativista na província do Pará, dominada por uma elite portuguesa que se nega a aceitar a independência, daí ganha um sentido social que a transforma entre 1835 e 1840 num levante comunitário. Sua origem é a tensão acumulada desde a política do Diretório de 1755 com que o marquês de Pombal expulsa os jesuítas da colônia e proclama autônomos os aldeamentos e os índios. A rapidez com que as terras indígenas são divididas em grandes propriedades privadas e a população indígena se dispersa pelo vale deixa sequelas que agora vêm à tona (Di Paolo, 1985).

O marco de passagem é a prisão de Eduardo Angelim, membro da Guarda Municipal, de 19 anos, de origem popular, por seu envolvimento com os protestos nativistas, e a reação de protesto do corpo da guarda, todo de origem pobre, a que aderem componentes da escola nativista em conflito com a hegemonia portuguesa. O caráter de protesto popular que adquire rapidamente caminha para transformar o entrevero numa manifestação social de maiores proporções, nascendo a revolução cabana.

A rebelião eclode em Belém, daí se alastrando pela várzea do Amazonas e afluentes numa irradiação até o alto rio Negro, com a adesão em massa da população ribeirinha – denominada cabana por sua forma típica de habitação – aí por longo tempo habitando de modo disperso individualmente, como posseiros e foreiros ou como pequenas comunidades, numa marcha batida para a capital do Pará, sob a liderança de Angelim.

A revolução se mostra vitoriosa, mas tem que resolver o problema interno de ser um movimento nativista ou uma revolução social. E o externo da natureza da relação com o poder central do Império, então regencial. Atravessada por esse dilema, três governos de poder cabano se sucedem.

Malcher – Félix Antonio Clemente Malcher –, um grande proprietário de terras e entre os primeiros a pôr-se à frente do movimento nativista, compõe o primeiro governo. Seu programa de governo tem ainda a marca característica do movimento nativista. E visando assim caracterizá-lo frente aos olhos do governo do Império, proclama a adesão da província do norte à independência do Brasil e conclama todos ao desarmamento geral, declarando governo e ação armada funções de Estado, ao tempo que convida a população cabana ao retorno à casa e às lidas do campo. A instalação de divergências quanto a este ato radicaliza a revolução. Malcher é deposto. E seu governo dura 43 dias.

Sucede-o Francisco Pedro Vinagre, posseiro de origem cabana e comandante militar do governo de Malcher. Portador de um programa de governo de cunho mais social, Vinagre criva-o, entretanto, ainda de um caráter nativista. E do mesmo modo como fizera Malcher, proclama-se diante da Câmara Municipal, uma instância do parlamento imperial, um governo provisório e reitera a decisão da deposição das armas pela cabanada e retorno da população às atividades correntes. Visa com isso contemplar a pressão cabana e a pressão regencial, buscando equilibrar a revolução num ponto do meio. Desconfiada dessas proclamas, a Câmara Municipal cobra-lhe a convocação de eleições formais, descabidas para o Conselho Cabano, mas previstas pelo ato adicional de 1834 baixado às províncias pelo governo regencial. E é na ambiguidade da questão eleitoral que o impasse vai corroendo também o governo de Vinagre. Uma situação que é aproveitada pela Armada Imperial do Pará. Atuando por detrás da Câmara Municipal e expressando posições do governo regencial, a Armada intervém e ameaça o governo da revolução de intervenção militar. Diante do quadro, Vinagre põe-se de acordo. E convoca as eleições. O impasse, no entanto, apenas aumenta: elege-se presidente pelo lado da Câmara Municipal Ângelo Custódio Correia, ligado às forças de intervenção, e pelo lado do Conselho dos Cidadãos, ligado ao Conselho Cabano, Francisco Vinagre, junto à acumulação do comando das armas. Alegando legitimidade na eleição, o comando da Armada Imperial pressiona pela posse de Ângelo Custódio, ao tempo que movimenta suas tropas para entrar em Belém, reforçado num posicionamento da Marinha diante da cidade, com ameaça de bombardeio. Respondendo aguardar a decisão de indicação dentre os eleitos pelo governo regencial, Vinagre se prepara para rechaçar o ataque. Feito o ataque, este é prontamente rebatido pelas forças do Conselho Cabano, comandadas por Angelim, terminando com a vitória cabana. Derrotada militarmente, a Armada se retira com suas forças para Cametá, onde dá posse a Ângelo Custódio.

Ausente até então em termos diretos, o governo regencial resolve intervir na contenda. E indica para presidente da província o marechal Manoel Jorge Rodrigues, um militar de origem portuguesa. A medida surte efeito. Diante da mediação do clero, presente no Conselho Cabano, o novo governo é recebido pelas forças cabanas e toma posse, superando as reticências iniciais em vista de sua origem nacional. E um acordo bilateral é então estabelecido – os cabanos dissolver-se-ão no magma geral da independência e o novo governo rejeitará o governo paralelo de Cametá –, dando-se por findo o governo de Vinagre, após uma duração de quatro meses.

Cedo, porém, as forças derrotadas pelo movimento nativista sob o impulso da revolução cabana reassumem o controle da província, aglutinadas no novo governo. Seu ponto de aglutinação: a nova estrutura militar, chamada Voluntários de D. Pedro II e constituída basicamente de portugueses e setores de confiança do marechal Rodrigues, criada pelo governo. Sua primeira medida: o desarme dos cabanos.

Diante disso, enquanto sob a liderança de Vinagre e Angelim e mediação do clero, é feita a passagem de governo, setores de base dos cabanos se retiram para reorganizar-se em locais interiorizados do vale, onde se concentram e estocam armas, no aguardo da evolução do quadro. Visualizada a face política do novo governo e frente à forma revanchista e repressora que este assume, o antagonismo então latente vem à tona. O clero rompe com o governo. O sentimento nativista reacende. E o governo se isola. De novo, então, as forças cabanas marcham sobre Belém e sob o comando de Angelim se reinstalam no governo.

Estamos em 1835. E a revolução cabana entra em seu terceiro governo. Angelim é o indicado para presidente da província, pelos cabanos e pelo clero. Derrotado, o governo legalista se retira e se concentra nas cercanias, sitiando a cidade. O enfrentamento evitado por todo o período antecedente se prepara para acontecer, no acúmulo de tensões da cidade cercada pelos nove meses de governo de Angelim. Instalado nos pontos estratégicos de Cametá, Vigia e Mosqueiro, com centro de ações localizado na ilha de Tatuoca e auxiliado por uma frota de seis navios e com amplo apoio do governo central, o governo legalista bloqueia o acesso de armas e suprimentos alimentícios a Belém e restabelece as ligações com o clero buscando reconstituir a aliança de antes, visando pela fome desgastar e isolar o governo cabano. Agindo por sua vez para quebrar o cerco de ferro, o Conselho Cabano reativa as forças não mobilizadas quando da retomada da marcha para Belém e mantidas dispersas pelo vale, organizando-as numa rede de comunicações disseminada pelo baixo e pelo alto curso do Amazonas, nos quais é hegemônico, no intuito de destruir a hegemonia legalista sobre o médio curso, comprimindo-as entre suas forças do alto vale e Belém, a assim derrotá-las e liberar a cidade do cerco. Um intenso combate é então travado entre as forças legalistas e cabanas pelo controle de Santarém e Tapajós. Ao tempo que estas saem em incursões rápidas pela redondeza de Belém, visando furar o bloqueio à entrada de armas e alimentos.

É o clero, todavia, o fiel da balança. E por ele busca-se resolver pela mediação o que não se pode por meio da confrontação armada. Particularmente o bloqueio do suprimento alimentício, que vai se agravando e começa a traduzir-se em eclosões epidêmicas de doenças. Declarando-se em contenda com legalistas e cabanos, busca a Igreja através do bispo diocesano de Belém, Dom Romualdo Coelho, posicionar-se como uma força independente. Se com o governo legalista tem o problema da desconfiança dos atropelos revanchistas de antes, com a revolução cabana tem os relacionados à posição desta diante do trabalho escravo, em relação ao qual o clero se divide, parte se declarando abolicionista e parte sendo proprietária de escravos a favor da escravatura, e do próprio perfil da revolução, parte vendo-a como a busca de uma nova alternativa frente a uma sociedade latifundiária e parte como uma atitude de afirmação nativista, e que no curso dos governos cabanos forçara-os a posicionar-se de forma dúbia. E sob essa forma vê crescer seu papel mediador.

Visando dar fim ao conflito e melhor aproveitar a mediação do clero, o poder regencial muda o governo legalista, indicando para presidente o brigadeiro José de Souza Soares Andreia, português de nascimento, mas com passagem pelo comando militar de Belém na fase do movimento nativista, e conhecedor das forças locais. A relação de enfrentamento ganha novo contorno. E se intensifica. Mas amplia-se também a presença mediadora da Igreja. A tática de Andreia é aprofundar a estratégia de cercamento da cidade, aumentando seus pontos de estrangulamento, mas também de apelos à mediação da diocese, explorando suas fissuras com o Conselho Cabano e também os surtos de epidemia de doenças e fome. Angelim também percebe esse estado de gravidade e aceita igualmente o apelo de intermediação da Igreja. De parte de Andreia, a aposta é usar o aumento da fragilidade das relações do governo cabano com uma população em estado de aflição, preparando-se para entrar com apoio desta na cidade. De parte de Angelim, negociar a retirada, visando deslocar-se para as áreas de hegemonia do vale amazônico e então cercar a cidade, numa inversão de posições. Andreia percebe essa intenção estratégica. E aceita a retirada dos cabanos da cidade, sua concentração numa área externa no aguardo da deliberação dos termos de um acordo que prevê o reconhecimento da demanda nativista e anistia geral para os cabanos, mas ele escolhendo o local. O impasse se estabelece. E o clero se declara discordante da tática cabana e se posiciona a favor de Andreia. Diante do quadro que assim se estabelece, as tropas cabanas decidem romper o cerco por si mesmas e retirar-se da cidade, deslocando-se para se instalar no vale do rio Acará, onde mantêm grande concentração de forças. Termina o terceiro e último governo cabano. E entra-se numa fase de marchas e contramarchas de confrontos que se estende de maio de 1836 e agosto de 1840, no curso da qual Angelim é feito prisioneiro e, junto às demais lideranças, entre eles Vinagre, é condenado e degredado para o Rio de Janeiro. Em agosto de 1840 é declarada a anistia geral e a guerra cabana formalmente termina.

A SOBREVIDA PLANTACIONISTA E O ARRANJO ESPACIAL DE TRANSIÇÃO

O fim da guerra cabana praticamente baliza também o fim da série de conflitos da fase constitutiva do pacto. O Estado federativo se consolida. E se inicia o ciclo do café, com o qual se entra num período de recobro da centralidade plantacionista.

É no âmbito do ciclo cafeeiro que se consolida a passagem da Colônia para a Independência. E se dá a passagem da escravidão para o assalariamento e da Monarquia para a República. De modo que há o café escravocrata. E há o café capitalista. Simultaneamente ao ciclo do café, as antigas áreas plantacionistas se renovam e surgem novas. Junto a elas, organicamente numa relação de divisão territorial do trabalho e de trocas, surge e se desenvolve a indústria. Num processo de acumulação primitiva.

O arranjo da transição

A acumulação primitiva é um processo que se dá com o desenvolvimento de uma divisão territorial de trabalho e de trocas entre a agricultura e a indústria, empreendendo a formação de uma estrutura econômica organizada à base de uma relação a um só tempo para dentro e para fora do sistema plantacionista. Para dentro, através da troca do trabalho escravo pelo de uma diversidade de formas de trabalho rural nas quais um mecanismo de assalariamento se combina com a manutenção da velha relação binomial de monocultura-policultura, e com a mesma função de transferir, agora totalmente, para a massa trabalhadora, a tarefa de gerar os meios com que cuidará de reproduzir sua própria força de trabalho. Para fora, pela inclusão da indústria nessa sistemática binomial, com a função de completar a geração dos meios de subsistência com a venda de suas manufaturas a um preço que reforce a baixa do custo de reprodução da força de trabalho da nova massa trabalhadora das *plantations*. O fim desse processo é a entrada da sociedade brasileira numa fase nova, marcada pela relação espacial centrada no comando da cidade e ordenada pela indústria. Seu segredo: a expulsão, para fora do custo geral da produção, do custo específico da reprodução da força de trabalho (Oliveira, 1972; Prado Jr., 1961).

A realização da acumulação vai se diferenciar em três modalidades distintas, a do Centro-Sul, a do Nordeste e a da Amazônia, regionalizando a realização do modo da transformação da geografia rural-plantacionista numa geografia de corte urbano-industrial.

Recriação oligárquica e interligação industrial no Centro-Sul

O ciclo do café tem lugar no amplo espaço que se estende no Sudeste, entre Rio de Janeiro, Minas Gerais e São Paulo, com centro de gravidade inicialmente no vale do Paraíba do Sul, até que no seu auge desloca seu centro para o planalto ocidental paulista. Em paralelo, forma-se no espaço sulino uma plêiade de centros coloniais que de início isolados vão progressivamente se encontrando. Ao integrarem numa divisão territorial comum de trabalho e de trocas suas áreas de produção agrícola e pastoril, cidades e indústrias, essas duas áreas se juntam numa só unidade espacial regional, assim surgindo o Centro-Sul.

O ciclo do café surge, ainda à base do trabalho escravo, nas cercanias da cidade do Rio de Janeiro em 1834, primeiro na área dos maciços do espaço carioca, de onde se desloca para além, rumo ao vale do rio Paraíba do Sul, e daí se espraia para os estados circundantes até atingir o centro e o oeste de São Paulo, já em bases assalariadas. A mata tropical é o âmbito dessa marcha, o café sempre ocupando terras e solos desse ambiente (Milliet, 1982; Monbeig, 1984).

É a combinação de rendimentos decrescentes e renda diferencial I a lei dessa onda agrícola, que vai devastando a mata e consumindo seus solos de melhor localização e fertilidade à base da monocultura e da grande propriedade em sua marcha pelo Sudeste. Em sua fase escravocrata do vale do Paraíba do Sul é a paisagem clássica da *plantation* que se instala. Arrumada num arranjo binomial, a monocultura ocupa as áreas de solos mais férteis e a policultura de subsistência, as de solos por ela rejeitados, diferindo em policultura dominial e policultura independente. No centro de toda essa paisagem, posta à sobranceira num dos patamares da cota média, está a casa-grande, rodeada da senzala e da capela, além das instalações essenciais, oficinas de reparo e pátio de beneficiamento do café, tudo em meio ao cafezal espalhado pelas encostas ensolaradas dos maciços do mar de morros que dominam as vertentes da serra do Mar e da Mantiqueira, de onde as tropas de mulas descem com os grãos de café embalados em grandes cestos aproveitando os vales fluviais abertos pela tectônica transversal, a caminho dos pequenos portos localizados no litoral.

Por volta de 1870 o café chega à região dos solos de terra roxa de Ribeirão Preto, no planalto paulista, aí se iniciando a fase capitalista. Compensada pela fertilidade da terra roxa, a fazenda cafeeira tem de enfrentar os custos de uma renda diferencial de localização distanciada por quilômetros do litoral, substituindo as tropas de burros pelo transporte ferroviário, num início de passagem para a regência da renda diferencial tecnológica.

De modo que a paisagem muda substancialmente no planalto. Situada na cota alta do topo suavemente plano dos interflúvios que descem continuamente em altitude a caminho da bacia do rio Paraná, destaca-se o conjunto da casa do administrador e as ruas retas apinhadas das casas em paralelo da colônia dos trabalhadores, como numa pequena aldeia vista a distância pela casa do proprietário, em geral absenteísta, mais a cocheira, a estrebaria, as diversas oficinas, o tanque onde o grão é lavado após a colheita e o terreno onde depois o grão é levado para secar ao sol, o pátio das máquinas de decorticação e triagem e o imenso oceano do cafezal espalhado pela encosta num grande envoltório (Prado Jr., 1979).

Na sua expansão pelo planalto de Ribeirão Preto, a marcha cafeeira avança para as partes do sul e logo ultrapassa o vale do rio Tietê, indo instalar-se nas manchas de terra roxa e bauru superior que encontra espalhadas pelo topo dos espigões que separam num leque de paralelas os rios que fluem para o rio Paraná. E chega ao seu auge.

É o regime do colonato, forma capitalista de relação e valor aí introduzida, a base dessa fase paulista. Uma forma de relação de trabalho que não se implanta de imediato. Entre 1847 e 1857 tenta-se a substituição do trabalho escravo pelo da parceria, uma experiência levada a cabo na fazenda Ibicaba, de propriedade do senador Vergueiro, situada na região onde hoje se encontram os municípios de Limeira e Rio Claro. É uma experiência, entretanto, malograda e que logo se deixa de lado, dando lugar ao regime do trabalho assalariado do colono italiano quando a mancha do café chega à região da terra roxa de Ribeirão Preto (Holanda, 1972).

Por trás do assalariamento se esconde, entretanto, a forma nova da estrutura binomial. Mediante contrato de trabalho que assina com o fazendeiro do café, o colono se obriga a cuidar de um número preestabelecido de pés de café, pelo qual recebe um salário fixo, com adicional em dinheiro a cada pé extra de café, mais uma parcela de terra localizada no interior da fazenda para plantio de uma policultura de suprimentos alimentícios de seu inteiro usufruto, que pode escolher entre as fileiras do café ou à distância delas. Diferindo do binômio escravista, o colono tem entretanto a possibilidade de adquirir sua propriedade de terra com o recurso que logre poupar. Movido por essa perspectiva, precisamente, interessa-lhe que a policultura se localize de modo intercalar, os cereais ocupando as "ruas" que se abrem entre as fileiras do café, não numa área distante do cafezal, uma vez que as distâncias respectivas entre uma cultura e outra ficam assim suprimidas, podendo o colono além da colheita contratual do café cuidar também da sua policultura, com a vantagem de poder usufruir do pagamento adicional pelos cuidados extras, aumentando as possibilidades de compra da propriedade. Por isso, luta ele com as armas disponíveis por esse arranjo espacial, pelo mesmo motivo que contra este se volta o cafeicultor, ao qual interessa ceder terra para policultura fora e distante das fileiras do café. E é essa dissonância de modalidade de arranjo, transformada numa relação de tensão, que acaba por ser a principal ação motora da marcha cafeeira, rumo às áreas de fronteira.

Orientada nessa relação de valor-trabalho, daí decorre a forma específica como a combinação da renda diferencial e da lei dos rendimentos decrescentes atua no espaço cafeeiro. Move o cafeicultor o interesse de reter o colono numa conjuntura marcada pela escassez de força de trabalho. E ao colono, a consecução daquilo que o motivara a migrar. Mas é a própria dinâmica vegetativa do cafezal que vai resolver a contenda, uma vez que ao atingir sua altura arbustiva, no quarto ano de crescimento, o cafezal sombreia as "ruas" do plantio, inviabilizando a intercalação. Terminado o prazo contratual estabelecido para um ano, a tendência do colono é, por isso, deslocar-se para as frentes de expansão, onde pode encontrar um cafezal novo e ter maior chance de obter o arranjo intercalado, impulsionando a intervenção da renda diferencial e da lei dos rendimentos decrescentes nesse momento.

Uma outra forma de interferência também intervém nesse modo de ação: a pressão da especulação fundiária. Aqui o agente é o estrato superior dos cafeicultores. Estes, abrindo o leque do movimento acumulativo, dirigem os lucros em todas as direções que maximizem a taxa da reprodução ampliada do capital envolvido no negócio do café. Assim, abrem empresas de exportação-importação, fundam bancos de financiamento da cafeicultura, geram indústrias, instalam ferrovias e especulam com terras. Como a distância dos cafezais aos portos aumenta com a interiorização do plantio, lançam eles os trilhos da ferrovia sempre para além da linha da fronteira agrícola. Então, compram e loteiam por antecipação as terras que irão ser atravessadas pelos trilhos, valorizando-as artificialmente, auferindo grandes lucros com sua venda e empurrando a marcha do café ainda mais para frente.

Todavia, é a forma da cidade criada pelo café que faz a diferença do espaço cafeeiro ante os demais, em face do absenteísmo do fazendeiro do café, uma forma de relação com o campo até então desconhecida no ambiente plantacionista. Entregando a direção da fazenda aos cuidados de um administrador, o cafeicultor fixa residência na cidade, onde vai cuidar de outros negócios. Com isso, cria ele uma forma nova de cidade e de relação entre a cidade e o campo, dentro da qual se põe antes de tudo como uma classe urbana. E se segue sendo a fazenda o centro de referência do arranjo cafeeiro; a organização do espaço total passa a ser, então, atribuição da cidade. É um espaço que de fazenda a fazenda respira-se um forte traço de cultura urbana, levada pela cidade através da ferrovia para todos os cantos, à semelhança do ciclo da mineração, mas em cima do cosmopolitismo rural, e cujo espelho é a cidade de São Paulo, para onde acorre a elite mais endinheirada.

É esse ritmo de aceleração da marcha cafeeira que se torna, todavia, o elemento de sua própria dissolução. Coalhando o planalto de fazendas de café, recobre-o em pouco tempo de um espectro de cafezais em estágios de maturidade bastante diferentes, cuja consequência é a queda crescente do nível médio da renda fundiária. Sobrévem, então, a crise. E os três sucessivos Planos de Valorização do Café, postos em prática entre 1906 e 1929 com o objetivo de contornar a crise. Mas cujo efeito é a sua maior aceleração. Consistem esses planos numa política de manutenção dos preços via compra e estocagem da produção excedente pelo Estado. A compra é paga por este com ágios cobrados aos demais produtos de exportação, o Estado assim transferindo para a cafeicultura margens de lucros desses produtos (a borracha da Amazônia, o algodão do sertão nordestino, o açúcar da zona da mata, o cacau do sul da Bahia, a carne bovina do pampa gaúcho), numa reprodução em nova forma do mecanismo clássico do plantacionista de resolver os problemas de reprodução dos custos de seu produto, através do seu compartilhamento com os lucros das demais macroformas. Assim resolve-se a crise cafeeira transferindo para a cafeicultura margens de lucro de outras partes (Leff, 1968). O efeito dessa estabilização é um clima de euforia que lança a produção cafeeira num pique expansivo ainda mais alto. A euforia intensifica o estado de crise, encerra o ciclo cafeeiro e com ele, o próprio período de sobrevida do plantacionismo.

A indústria é a grande beneficiária desse fim de ciclo. A crise cafeeira libera para outros usos força de trabalho, terras e capitais. E abre, de um lado, para a diversificação dos cultivos e, de outro, para a expansão da indústria. A incorporação dessa produção diversificada barateia seus custos. E a dos capitais e força de trabalho impulsiona sua expansão. Isso significa um deslocamento da agricultura da frente para a retaguarda da indústria, invertendo a relação histórica. E o deslocamento por sua vez da indústria para o centro do sistema.

Nessa centralidade, com polo de concentração na cidade de São Paulo, aos poucos a indústria organiza em sua função todo espaço circunvizinho, arrumando-o num círculo de envolvência em anéis, cujo arranjo inclui um arco próximo com a cultura de cítricos a centro-leste, a cana ao centro e o algodão e o café a oeste; um arco intermediário com a pecuária leiteira no vale do Paraíba a leste e a pecuária de corte com invernadas a oeste; e um arco distante com o café no norte do Paraná (Londrina e Maringá), a sudoeste, os cereais no sul do Mato Grosso (Dourados), a oeste, e o gado de corte (Pantanal), a noroeste, e os cereais no sul de Goiás (Mato Grosso de Goiás), a nordeste.

Nos estados do Sul vai se dando ao mesmo uma integração da área das estâncias de gado da campanha gaúcha e dos núcleos de colonização alemã e italiana das encostas e topo do planalto meridional, duas áreas separadas pela depressão periférica dos rios Jacuí e Ibicuí.

A área de gado da campanha gaúcha é a mais antiga. E relaciona-se ao deslocamento de colonos de origem açoriana, instalados inicialmente no litoral de Santa Catarina e no trecho norte do Rio Grande do Sul entre 1746 e 1748, no mesmo momento em que se expande a manada de gado selvagem pela campanha. Aí, os colonos se fixam nesses meados do século XVIII em inúmeras e densas comunidades familiares, cada família recebendo uma gleba de cerca de duzentos hectares, indo dedicar-se no litoral de Santa Catarina à policultura de subsistência e à pesca, e no litoral do Rio Grande do Sul à policultura com destaque para o trigo, até que na segunda metade desse mesmo século, atraídos pelas terras e pelo gado, se deslocam do litoral gaúcho para a campanha, onde vão formar as primeiras sesmarias e constituir "o tronco de várias atuais famílias de estancieiros" (Valverde, 1958 e 1984).

A ocupação do planalto, entretanto, só ocorre no século XIX, com imigrantes camponeses vindos de várias regiões europeias e que se espalham pelas áreas da floresta tropical no Rio Grande do Sul e em Santa Catarina e dos campos gerais no Paraná. Os alemães se instalam no Rio Grande do Sul em 1824, ao longo de arco de encosta da serra Geral que bordeja o planalto meridional acima da depressão do Jacuí-Ibicuí, aí se multiplicando em inúmeros núcleos. E os italianos, a partir de 1870, no Rio Grande do Sul nas encostas e topo do mesmo rebordo ao norte de Porto Alegre e em Santa Catarina no litoral e vales fluviais das encostas da serra do Mar. Ao mesmo tempo que russos e poloneses ocupam as pastagens do planalto do Paraná.

Nesses núcleos coloniais as famílias recebem do Estado ou de particulares pequenas parcelas de terra de 35 hectares em média. E alguns equipamentos. A entrega das parcelas inclui o traçado de estradas destinadas ao escoamento da produção. Em seu lote, a família imigrante reproduz a forma camponesa de produção e consumo que traz do solo europeu, adaptando-a às condições locais. A base dessa organização é a policultura combinada a uma indústria artesanal, agricultura e indústria se integrando a uma intensa atividade local de trocas e cuja consequência é a multiplicação de cidades e indústrias por todos os núcleos. O procedimento para a organização espacial segue um processo comum, iniciando-se com a abertura do roçado na mata para o cultivo de uma policultura de subsistência. Planta-se feijão, mandioca, batata e milho, este para nutrir a criação miúda (aves e porcos), a isso se limitando a relação lavoura-criação. Industrializam-se as sobras caseiramente. A diversidade da produção e a necessidade do uso de recursos técnicos dão origem a um processo de troca que estimula e empurra a experiência comunitária sempre para frente. De início as trocas são tarefa de comerciantes ambulantes, que intercambiam os produtos dos camponeses pelos que estes necessitam de utensílios. Com o tempo aumenta a intensidade das relações de troca e a rede de estradas fica mais densa. A policultura e a indústria caseira se diversificam ainda mais, introduzindo-se entre outras a cultura do trigo. Então, o comerciante se instala nos cruzamentos da rede de circulação e aí se fixa com seu negócio, criando pontos de referência das trocas nos e entre os núcleos.

Estimulados pelo crescimento das trocas, os colonos fazem melhorias técnicas nas atividades econômicas, introduzindo o arado de tração animal (cavalo) na lavoura e a carroça de quatro rodas no transporte, que servirá também para levar os produtos ao mercado e a família às festas e à igreja. Ao mesmo tempo, a limitação do tamanho da propriedade leva-os a evoluir para o emprego da técnica de rotação de culturas, vinda com a introdução de leguminosas na lavoura e a associação desta com a pecuária, para o fornecimento do adubo. A paisagem fica, assim, mais complexa, compondo-se agora do xadrez das culturas e das instalações de uma pecuária, em particular a leiteira, especializada e estabulada como forma de vencer a exiguidade da propriedade. Também com o tempo, a multiplicação da população comunitária leva os colonos a se expandir para novas áreas, em particular a oeste, na bacia do rio Paraná, em terras do

Rio Grande do Sul, Santa Catarina e sobretudo Paraná, onde reproduzem seus núcleos de pequena produção e suas formas campesino-familiares de organização. Em cada núcleo velho e novo a indústria artesanal então cresce e transborda do limite caseiro. Capitais vindos tanto da reunião dos camponeses em cooperativas quanto forâneos transformam a seguir a indústria caseira em uma indústria moderna, separando indústria e agricultura como atividades especializadas que levam as comunidades a se organizarem numa divisão territorial de trabalho e de trocas de escala espacial cada vez mais ampla. E a relação cidade-campo e entre o entorno regional, a um patamar de raio mais amplo. Nascidas juntas ao artesanato familiar, a agricultura e a pecuária evoluem, assim, para formas mais desenvolvidas de integração industrial. De modo que muitos são os núcleos que com o tempo se diferenciam por seus respectivos perfis produtivos, surgidos à base da relação fumo-cigarros, madeira-mobiliário, uva-vinho, fibras-tecelagem, carne-frigoríficos sempre apoiada em ramos locais de bens de capitais, que fazem da fórmula disperso-concentrada e de indústrias de tamanho médio espalhadas pelo Rio Grande do Sul (Santa Cruz do Sul, São Leopoldo, Caxias, Bento Gonçalves, Garibaldi), Santa Catarina (Blumenau, Itajaí, Brusque, Jaraguá do Sul) e Paraná (Castro, Ponta Grossa) o modelo de industrialização característico do Sul (Mamigonian, 1965).

Durante todo o correr da segunda metade do século XIX o isolamento espacial vai deixando de ser respectivamente a característica desses núcleos coloniais do planalto e das áreas de gado da campanha, interligando-se no fim do século XIX uns com os outros com a chegada das ferrovias e no começo do século XX com a chegada das rodovias, trazidas seja pela intensificação das trocas, seja pela intervenção do Estado. Assim, os núcleos se integram entre si e com as áreas de gado à base da relação entre suas cidades, unificando-se no Rio Grande do Sul a campanha e o planalto, em Santa Catarina os vales costeiros e o planalto e no Paraná as áreas de mata e campos, saindo do isolamento econômico e cultural tanto italianos quanto alemães no Rio Grande do Sul e em Santa Catarina, e russos e poloneses no Paraná. Com apoio na articulação via capitais estaduais, essa integração se abre numa rede densa de circulação, que leva essas diversas áreas dos estados sulinos a interagir com as áreas congêneres e de concentração industrial do território paulista, numa grande divisão territorial intrarregional de trabalho e de trocas de corte centro-sulino.

Simbiose e freagem estrutural no Nordeste

No Nordeste a acumulação primitiva segue outros rumos, relacionando indústria e agricultura, campo e cidade num consorciamento do litoral usineiro-canavieiro e do sertão algodoeiro-pastoril. A integração vincula aqui usineiros da zona da mata e coronéis do gado do sertão, sem que a arrancada industrial se dê efetivamente (Oliveira, 1977b; Andrade, 1973).

A usina é a saída tecnoprodutiva encontrada para solucionar a crise da economia plantacionista após o malogrado retorno de centralidade pós-ciclo mineiro e a experiência do engenho real. O engenho real é uma tentativa de reforma do velho sistema do engenho, forçada pelo fim do trabalho escravo e pelo envelhecimento da tecnologia dos cultivos e dos fabricos, consistindo na separação da propriedade da terra/canavial e da indústria. É uma forma de resolver o problema pela via da divisão territorial do trabalho e das trocas entre agricultura e indústria, voltada para a modernização tecnológica tanto da lavoura quanto da indústria que, entretanto, não dá certo. A solução vem, ao contrário, com a maior fusão técnica e territorial do capital agrícola e industrial, na forma da agroindústria organizada à base da substituição do engenho pela usina.

A usina reafirma o sistema de agroindústria tradicional, ao tempo que reestrutura as relações técnicas da produção, de trabalho e de classes tanto da lavoura quanto da indústria em forma moderna, através da entrada de capital de origem urbana. É assim que os antigos senhores de engenho são transformados em fornecedores de cana, reforçando as fileiras dos antigos lavradores de partido, os trabalhadores escravos são substituídos por trabalhadores contratuais, os moradores são urbanizados e surge uma nova fração dominante. Com a usina vem a ferrovia. E com a ferrovia, a concentração ainda maior da propriedade da terra. É sobre essa base que a usina toma o lugar do engenho na organização do espaço e leva o domínio da cana até o confim do limite visual da zona da mata nordestina. Sobranceira a este arranjo, torna-se o centro de comando de um espaço canavieiro que se estende para além do sul e do norte de Pernambuco.

A usina traz consigo, assim, o mais completo rearranjo do espaço na zona da mata. De imediato, toma o lugar do engenho no centro da paisagem. Substitui a senzala pelas "ruas" dos moradores em vilas operárias arrumadas em linha ao lado da indústria, e onde a massa de trabalhadores expulsos do campo se aglomera como viveiro de mão de obra. E torna o polo de sua planta e casario de trabalhadores e serviços um centro urbano ao qual sujeita todo o espaço do canavial, ainda fragmentado em canavial da usina e canavial dos fornecedores. Empregando recursos de drenagem e adubação e introduzindo a ferrovia como meio de circulação, a usina retira o arranjo espacial da sujeição ao rio, deslocando-se para instalar-se à beira da ferrovia nos trechos secos da várzea ou baixos patamares das encostas e levar o canavial a expandir-se pelos tabuleiros terciários do litoral e patamares do médio e alto curso dos rios, corrigidos em sua precária fertilidade à base da adubagem industrial, assim estendendo seus domínios até onde chega o braço da ferrovia. Nesse passo, a usina reverte também a tendência de fragmentação da terra gerada pela crise do engenho, trazendo maior concentração fundiária, e implantando um novo império. Essa força de rearranjo vem da capacidade técnica da usina de moer cana em nível superior ao do engenho em face do sistema de maquinismo que traz consigo e de a ferrovia ir buscar a matéria-prima num raio infinitamente maior de distância. Através dos trabalhos de drenagem de várzeas e de adubagem dos solos de tabuleiros que, numa passagem de regência da renda diferencial I para a renda diferencial II, imperializam a zona da mata pelo absolutismo da cana, expulsando o grosso da policultura para o agreste, a usina restabelece a produtividade da lavoura canavieira de antes e reaproxima a localização da produção açucareira dos portos marítimos. Sufocada nesse oceano de cana e usina, a velha indústria fecha suas portas e vira "engenho de fogo morto".

Contudo, a usina contraditoriamente mantém o binômio latifúndio-minifúndio como base da acumulação açucareira. De um lado reforça a grande lavoura e de outro mantém junto a ela o suficiente da população campesina da pequena lavoura, usada agora como exército de reserva para a colheita e moagem nas épocas de safra. E sobre essa base recria – incorporando o agreste na função do fornecimento de meios de reprodução da força de trabalho do sistema agroindustrial – o velho sistema de "fundo de acumulação", "forma de defesa anticíclicas não capitalistas" e "imbricação salários-cultura de subsistência", usando as expressões de Oliveira, que o engenho conferia à policultura ancilar, estabelecendo para si mesma o freio que bloqueia o próprio avanço de sua modernização.

Em simultâneo, também a hinterlândia pastoril entra em transformação. Mas aqui por conta da consorciação gado-algodão, em uma articulação com a indústria têxtil. Uma complexa combinação gado-fibra-policultura-indústria têxtil, fortemente subordinada à hegemonia dos "coronéis" do gado, tem aqui lugar. Na qual a pequena produção de subsistência é mantida, direcionada para o mesmo papel de fundo de acumulação com que antes aparecera.

Esta sujeição da lavoura à fazenda de gado é o resultado da monopolização da terra que o grande fazendeiro estabeleceu no correr do século XIX, quando as áreas de pastos vão se aproximando do seu limite de ocupação e as fazendas avançam com seu gado sobre elas, demarcando seus domínios por meio de cercas. Impulsionada pela Guerra de Secessão norte-americana, o cultivo de algodão chega ao sertão nordestino nesse momento precisamente, tendo que ser plantado em terras arrendadas das fazendas de gado. O implemento da indústria têxtil trazido pelo processo regional de acumulação primitiva vai então consolidar o algodão como uma atividade de cultura permanente, levando-o a organizar-se à base da parceria.

O algodão surge, assim, como uma cultura de pequeno produtor familiar, realizada dentro do latifúndio pastoril em parcelas de terra cedidas pelo grande proprietário à meia. O uso da terra é pago com parte da produção, além do compromisso do produtor parceiro de ceder a área de cultivo para alimento do gado após a colheita, relação na qual o pecuarista sai ganhando triplamente. Ganha com a expropriação da renda na forma da renda-produto. Ganha com o restolho do algodão deixado na área após a colheita para a alimentação do gado. E ganha com a intermediação mercantil-usurária diante de sua função de financiar a produção e intermediar a venda da parte da produção que cabe ao parceiro.

Daí o algodão sai para a indústria têxtil localizada na mata e aí indiretamente se consorcia com a usina, na forma do saco para o acondicionamento do açúcar e do pano para a confecção de roupa para o operariado. E dessa consorciação sai em contrapartida para o sertão o capital da agroindústria que vai ser investido na economia algodoeiro-pecuário-têxtil. Forma-se, então, um complexo regional mata-sertão ao redor desses cruzamentos recíprocos, numa simbiose que aproxima fortemente as elites das respectivas zonas.

Um cruzamento que prende a indústria regional aos limites desse modelo.

Rapinagem e ilusionismo no vale amazônico

Na imensidão do vale amazônico, por fim, o ciclo da borracha substitui o decaído ciclo das drogas do sertão, instrumentado numa relação do extrativismo com a indústria externa, nos termos de mercado do período colonial.

O ciclo da borracha começa na Amazônia quando o ciclo do café chega ao planalto paulista. Tem início nos anos 1870, acompanhando o desenvolvimento do fabrico de acessórios para os meios de transportes forjados lá fora pela emergência da Segunda Revolução Industrial. A demanda de pneus e material de borracha então criada provoca uma fase de extração da borracha natural que atrai capitais forâneos e volumosa força de trabalho de imigrantes nordestinos fugidos do sertão com a Seca dos Três Setes (1877-1878) para a Amazônia, compensando a região da razia demográfica da guerra dos cabanos. O extrativismo se espalha então pelo vale e divide a mata amazônica em uma forma local própria de grande propriedade, o seringal (Santos, 1980).

De início, a extração da borracha natural se faz nos pontos mais acessíveis das cercanias de Belém. Com o tempo, se desloca mais e mais para os pontos distantes. Até fixar-se no alto curso dos rios da Amazônia ocidental, numa dependência da circulação dos rios.

Dentro dos seringais a atividade da produção fica entregue ao cuidado do seringueiro, o trabalhador assalariado de origem nordestina cuja total ocupação com os trabalhos de extração e produção da borracha não lhe deixa sobra de tempo para dedicar-se à produção de alimentos, inventando o seringalista o sistema do barracão como forma de solução própria para o problema da reprodução da sua força de trabalho do sistema extrativista. Este consiste num sistema de venda instalado num galpão dentro do seringal, onde o seringalista fornece ao seringueiro alimentos e utensílios de que necessita vendendo-os a crédito. Realizando a venda numa condição de monopólio, o seringalista disso se utiliza para manter o seringueiro endividado, manobrando com os preços para forjar sua dependência e sujeitá-lo a uma situação quase escrava de trabalho.

Todo o desenrolar do trabalho do seringueiro tem a cabana, misto de residência e indústria de beneficiamento, como referência. Ponto de partida da arrumação do espaço seringalista, a cabana localiza-se na interface mata-rio: a mata ao fundo e o rio à frente. A mata compõe o mundo do trabalho do seringueiro e o rio, o da circulação para dentro e para fora do seringal. Aí o seringueiro se fixa.

Diariamente o seringueiro sai para a mata deslocando-se ao longo da estrada aberta na rota das seringueiras, fincando em cada árvore uma tigelinha com que recepciona o látex – o líquido que escoa da árvore pelo corte transversal que se faz no tronco para a retirada do material –, recolhendo-o e depositando-o depois num balde. Por dia o seringueiro percorre de uma a três estradas, cada estrada reunindo em média 123 árvores, voltando após esse percurso à cabana para completar as atividades do dia. Uma vez na cabana, o seringueiro defuma e transforma o líquido na pela – uma grande bola de borracha – usando para isso o sistema rústico de hidratação e coagulação do látex, girando o líquido num bastão posto sobre o vapor do mato queimado num grande cone de barro, instalado numa parte lateral da cabana. De tempo em tempo, a produção acumulada é escoada pelos rios, a via simétrica da estrada das seringueiras. O destino é um ponto central do seringal para onde a pela é levada através dos rios. Onde se reúne toda a produção das cabanas. Daí a borracha segue para a venda nas praças da região. E a seguir para a cidade de Belém, de onde por fim segue para o mercado mundial. No caminho inverso trafegam os suprimentos trazidos de outras áreas do Brasil para serem vendidos no barracão.

O seringal e o barracão formam, assim, a relação binomial do extrativismo da borracha, mediada pela cabana. O seringal é o local da produção da borracha. E o barracão, o da aquisição dos meios de reprodução da força de trabalho, que realiza na cabana, enquanto local de morada e consumo. O produto dessa combinação é o sobretrabalho do seringueiro. Ponto de partida da cadeia da acumulação.

O custeio da reprodução da força de trabalho do seringueiro é um ponto central nesse processo e a chave da relação de sobretrabalho do seringueiro e seringalista, seguindo um circuito que começa nas despesas de migração do nordestino para a região e termina no mecanismo de endividamento no barracão. O deslocamento do imigrante até o seringal é custeado pelo intermediário mercantil. E o suprimento de meios, pelo dono do seringal. Uma vez instalado na cabana, inicia-se a tarefa do seringueiro de pagar essas despesas acumuladas. Aí realiza o trabalho de extrair e converter o látex na pela, que será pago por um salário, em forma de um vale, do qual serão descontados seus débitos, numa cadeia de endividamento sem fim.

Esse dispêndio com a formação e a reprodução da força do trabalho é a principal e praticamente única despesa de capital do seringal, uma vez que a atividade extrativa da borracha natural pouco pede de investimento em capital fixo – transferido para a própria floresta e para a apropriação da terra em regime de posse pelo seringalista – e menos ainda de despesas correntes. Cerca de 62% das despesas do seringal são com os suprimentos alimentícios, que somadas com as despesas de utensílios e meios de trabalho, tudo pago pelo trabalhador, chega a uma soma de 84% do total de todos os gastos. O enorme excedente assim gerado é expropriado pelo seringalista.

Por conta dela, todavia, o seringalista se prende a uma cadeia de repassadores de recursos que se desdobra do fornecedor dos alimentos – em grande parte na forma do charque trazido das charqueadas do sul do Brasil – ao intermediador da venda das pelas no mercado externo, o conjunto constituindo o sistema do aviamento. O sistema do aviamento é o esquema do financiamento da produção da borracha envolvendo no miolo o pequeno, o médio e o grande aviador e nos extremos o seringal e a casa exportadora. É por esses extratos que segue a repartição do sobre-trabalho do seringueiro, grossa parte do qual vai para a cadeia de intermediários do sistema aviador.

Reedição do sistema colonial da *plantation*, o sistema do aviamento se mostra incapaz por isso mesmo de gerar um processo de acumulação primitiva interna que conduza a região amazônica ao início de uma industrialização. Por volta de 1840 o ciclo da borracha entra em declínio e a região amazônica apenas volta às atividades que havia antes. Reaparecem aqui e ali os espaços da lavoura e da pecuária, bem como de extração de produtos que o sistema de aviamento havia extinto ou paralisado. E a extração da borracha passa a ser uma das atividades ao lado das outras. O efeito do ciclo da borracha termina consigo mesmo.

OS CONFLITOS DE TRANSIÇÃO

A acumulação primitiva desemboca, pois, num espaço econômico-demográfico diferenciado. E desemboca também na sequência de transformações superestruturais que completam essa transição da base. Em particular, a que leva à instituição do sistema republicano.

A transição republicana expressa essa rearrumação da base econômico-demográfica no plano dos arranjos institucionais da estrutura política. E obriga a uma reacomodação entre as oligarquias das alianças nascidas da pactuação monárquica. Tem lugar uma fase de rearrumação dos quadros de poder político e de traçado de hegemonias que abre uma brecha nos esquemas de controle sobre as tensões dos seus espaços de mando, por onde reafloram velhas contendas e enfrentamentos bélicos. E uma fase de formas novas de contraespaço, de natureza tipicamente campesina de que Canudos e o Contestado são as formas conspícuas e momentos de auge.

A Guerra de Canudos

Canudos é um contraespaço que ocorre no norte da Bahia, entre 1893 e 1897, envolvendo o campesinato caboclo do sertão pecuário. Seu âmbito de ocorrência é a brecha aberta pela disputa de posições de hegemonias oligárquicas no sertão nordestino. E seu ponto de partida é o entrechoque que se instala entre as oligarquias locais e as pregações comunitárias do beato Antônio Conselheiro. Entrechoque que o Conselheiro busca evitar erguendo sua comunidade num lugar isolado, seco e abandonado no interior do Nordeste baiano (Moniz, 1978).

Antônio Vicente Mendes Maciel, conhecido por Antônio Conselheiro, é um dos muitos beatos que transitam pela caatinga seca pregando entre os camponeses o ideal de erguimento de uma confraria comunitária. Em suas idas e vindas entre o Ceará, onde nasce, e a Bahia, onde mais se apresenta, Antônio Maciel agrega ao seu redor com o tempo um grande número de adeptos que se identificam com suas prédicas e em número crescente passam a segui-lo. Misturando pregação religiosa e condenação aos privilégios e indiferença dos poderosos, assusta-os em uma das suas idas ao município do Bom Conselho, onde reage em 1893 em uma feira das mais frequentadas contra o lançamento de um edital de cobrança de tributos republicanos, queimando-o em público e sob o aplauso dos presentes. Acusando-o de desrespeito, o governo do município toma o ato como um caso de rebeldia e o admoesta com ameaças de condenação e encarceramento, pedindo ajuda ao governo do estado. Compreendendo o risco da situação e preocupado com a segurança de seus seguidores, decide Conselheiro trocar suas andanças por um ponto fixo, escolhendo para isso uma velha sede de fazenda de gado abandonada e situada num povoado localizado à beira do rio Vaza Barris, um rio intermitente, que então reunia algumas palhoças, uma velha igreja e a casa do fazendeiro, conhecido por Canudos, e ali funda a comunidade do Belo Monte.

Canudos é parte do velho e escavado pediplano cristalino encravada em meio a uma coroa de serras abertas em boqueirões que divide seu sítio em uma área circundante externa de terrenos ondulados, valas largas, cristas de baixas altitudes, lombadas cortadas por gargantas fechadas e encostas inclinadas e pedregosas e uma depressão interna cortada pelo Vaza Barris cravada de vales rasos e colinas baixas e de encostas largas, sobre as quais domina, de um lado e de outro, uma paisagem da mata seca e caatinga montadas à base de macegas esparsas por todos os lados.

Protegida dentro da coroa, a comunidade de Belo Monte ergue suas casas numa acelerada rapidez. São casas de pau a pique erguidas sobre as colinas do Vaza Barris, num ritmo de uma dúzia por dia, e coloridas do barro vermelho extraído do local, paredes e caibros de icó e teto de palha. Construídas de modo improvisado entre vielas estreitas, com elas ergue-se, entretanto, um todo urbano de claro plano: corta-o um longo eixo central que divide o casario vermelho em duas metades, com a igreja velha num extremo e a igreja nova, em erguimento com desenho e direção de obras do próprio Conselheiro, no outro; Canudos tem um espaço caótico e compacto e ao mesmo tempo de fácil trânsito por seus moradores, próprio para a autodefesa e também para a realização do contato e da comunhão permanente da comunidade. Posto ao fundo, o rio fornece a água, ajuda a manter a limpeza da cidade e serve para o trabalho das lavadeiras. A terra é de acesso de todos, plantando-se na várzea e fazendo-se a criação nas encostas secas e pedregosas e nos interflúvios, aproveitando-se todos os espaços, complementando-se com uma intensa atividade de artesanatos.

Se o sítio mostra-se propício aos planos de uma cidade segura, a localização por sua vez é amplamente favorável às relações de intercâmbio. Situada na antiga área de expansão do gado da Bahia, seja da rota de formação do "sertão de dentro" e seja do abastecimento de gado para Salvador, a comunidade do Belo Monte tem ao sul a cidade de Salvador e ao norte Juazeiro e as cidades do baixo São Francisco, e no centro a cidade de Jeremoabo, ponto histórico de referência nas comunicações locais.

Em pouco tempo, assim, a comunidade de Belo Monte reúne mais de 25 mil habitantes. E chama a atenção por seu modo de vida. A produção de meios de subsistência e utensílios é distribuída seguindo-se o princípio da necessidade, e o excedente do consumo é armazenado como provisão e para uso no intercâmbio comercial com as cidades vizinhas. Assim, seja pela vitalidade que contrasta com a modorra do entorno, seja pela expectativa de vida comunitária e seja ainda pela presença de Conselheiro, para ela afluem diariamente levas de homens e mulheres vindos de todos os cantos do sertão, atraídos como um ímã. Mas se o contraste atrai o campesinato pobre – são pequenos proprietários, vaqueiros, escravos libertos, artesãos, agregados –, esvaziando povoados, muitos deles antigos aldeamentos indígenas, e provocando a escassez de força de trabalho nas fazendas e cidades, atrai também a ira dos grandes proprietários. O anseio de sua destruição.

E a oportunidade vem de uma forma simplória. A demanda de madeira para a construção da igreja nova é um dos pontos de maior necessidade de intercâmbio de Belo Monte. E maior significação simbólica. E é dessa relação de intercâmbio que vem o motivo do ataque a Canudos, desencadeado pelas forças que se agrupam contra Conselheiro desde o ato da feira do Bom Conselho. Uma grande encomenda de madeira faz tempo fora feita por Conselheiro a Juazeiro. E passado um tempo, informa este sua ida à cidade para buscá-la. Uma notícia de que os conselheiristas viriam armados rapidamente é posta a circular. Mostrando-se preocupado com este fato, o prefeito põe as forças policiais municipais em estado de prontidão e solicita ajuda ao governo estadual. Decidido a impedir a chegada do séquito de seguidores de Conselheiro à cidade e evitar um conflito de grandes proporções, o governador manda suas tropas para Uirá, uma cidade a meio caminho entre Belo Monte e Juazeiro, com a intenção de obrigar a marcha dos conselheiristas a aí arranchar, só uma comitiva seguindo para Juazeiro. No dia 20 de novembro de 1896 chega ao conhecimento das tropas a informação da presença nas proximidades de Uirá de uma fileira de homens, mulheres e crianças em procissão e entoando cânticos e rezas. À frente, uma enorme cruz. Desarvoradas com as notícias e o tamanho do cortejo, as tropas estaduais recebem-no embaixo de cerrada fuzilaria. Já preparados para essa eventualidade, uma guarda armada canudense responde ao fogo, desbarata e dispersa a tropa governista. As tropas recuam. Mas o governo estadual prepara um segundo ataque, dessa vez à própria cidade de Belo Monte. Forma-se uma segunda expedição, que é derrotada a caminho de Belo Monte. É quando o governo da Bahia recorre ao governo federal. Este, espantado com os relatos que lhe chegam do interior, dando conta de uma rebelião armada e antirrepublicana de sertanejos fanatizados por promessas messiânicas de instauração de uma monarquia divina na Terra, com cheiro de restauração monárquica, organiza uma terceira expedição, dando à Guerra de Canudos uma dimensão nacional.

Segue, assim, do Rio de Janeiro, sob o comando do coronel Moreira César, um contingente de três batalhões de infantaria, um batalhão de cavalaria e um batalhão de artilharia com quatro canhões de tamanho médio, totalizando 1,3 mil homens, aos quais devem se juntar as forças policiais estaduais, rumo a Canudos, para o embate com os quatro mil homens mal equipados de Conselheiro.

Informado da expedição, o próprio Conselheiro, tal como se dera com a segunda expedição, põe-se à frente da preparação e organiza a resistência. Conhecedor do entorno, usa do meio natural como recurso logístico. Distribui parte dos homens pelas lombadas e serras e entre os pedregulhos das encostas, explorando sua posição privilegiada. Cava trincheiras redondas, com viseira de 360º nas partes baixas, usando as macegas e os amontoados de espinhenta como proteção e camuflagem. E cria pequenos grupos guarnecidos de armas leves para ataques-relâmpagos às laterais e retaguarda das tropas governistas, protegidos pelas macegas e canaletas das valas, visando cansá-las, desorganizá-las e retardar sua marcha. Como previa, a batalha se dá nesse ambiente. Facilita-lhe ao lado da superioridade logística o contraste da indumentária de couro protetora do corpo de seus homens e a de pano e cores berrantes (azul e vermelha) dos soldados de Moreira César, este morto por doença a caminho. De modo que é a favor do beato que a batalha se decide. Derrotada, a tropa governista bate em retirada e deixa no caminho canhões e armas, que os canudenses recolhem.

Uma quarta expedição é, então, montada no Rio de Janeiro, reunindo agora vinte batalhões entre infantaria, cavalaria e artilharia, num total de dez mil homens, que no curso da guerra serão ampliados para vinte mil homens, mais uma artilharia pesada, num reforço de uma quinta expedição, formada de tropas do Rio Grande do Sul, Paraná, São Paulo, Bahia, Pará e Amazonas sob o comando do general de brigada Artur Oscar de Andrade. Seguem-se os mesmos preparativos de Antônio Conselheiro, enriquecidos agora das armas apreendidas. Orientadas pela derrota anterior, as tropas de Artur Oscar, vencidas as primeiras escaramuças, param e se fixam nas cotas altas do derredor da cidade. E aí arrancham, numa tática de cerco combinado a cerrados bombardeios ao casario de Canudos. Os seguidos bombardeios quebram e desarrumam o arranjo urbano da cidade. E enfraquecem sua resistência. Então as tropas invadem o Belo Monte, encontrando ferrenha resistência e tendo de conquistá-la casa a casa. Destruída, Canudos deixa de existir em 6 de outubro de 1897.

A Guerra do Contestado

O Contestado é um contraespaço que ocorre no outro extremo do Brasil, no planalto do interior de Santa Catarina, entre 1912 e 1916, mal esfriadas as cinzas de Canudos. Aí conjuminam numa só conjuntura conflito de fronteira, avanço de exploração madeireira e desavenças oligárquicas. Seu sítio combina dois trechos distintos, um de área montanhosa e florestal do enorme interflúvio que separa o alto curso dos rios Iguaçu e Uruguai desde a linha de fronteira do Paraná até o centro do território de Santa Catarina e um outro de terrenos planos e cobertos de vegetação campestre, juntando parte da serra geral e parte da depressão periférica em território catarinense, numa grande diversidade de nuances. Região marcada pelas rotas de gado do passado, combinam-se a pecuária tradicional nos campos de terreno plano e a frente extrativista de madeira e erva-mate nos vales de área acidentada da serra, pontilhada das pequenas posses do campesinato local (Queiroz, 1966; Monteiro, 1974).

Aqui são também as contendas intraoligárquicas a brecha por onde emerge a guerra, ao lado da concessão de terras à Brazil Railway, do grupo Farquhar, para a implantação de uma ferrovia na área de floresta, com direito à expropriação e loteamento da faixa marginal e à exploração madeireira, para a qual o grupo cria a Southern Brazil Lumber and Colonization Campany, e do conflito de fronteira envolvendo Brasil e Argentina e internamente Paraná e Santa Catarina. O mote é reação de camponeses e oligarcas à entrada do grupo estrangeiro, num momento em que praticamente já não há mais terras disponíveis a se ocupar, levantando contra o grupo todo o planalto.

A pontuação de fazendas e cidades pela rota pastoril levou a pecuária a ser no passado o primeiro veículo de povoamento local. A expansão espontânea da manada e através dela das fazendas dá origem às primeiras contendas, num conflito permanente dos fazendeiros com os índios xoclengs e caingangues. As grandes propriedades expulsam os índios e tomam conta das áreas planas e campestres, deixando livres as florestadas para a exploração comunitária da erva-mate que vem dos índios missioneiros. Inúmeras cidades como Lages e Curitibanos são criadas na ligação com essa ocupação pastoril, consolidando-se com o tempo como grandes centros urbanos de comando dos arranjos do espaço e sedes de poder da oligarquia pecuária. É esta oligarquia que assume o controle local quando da instituição do pacto federativo. E é entre suas facções internas que se incendeia agora a disputa de hegemonia regional e urbana com a rearrumação republicana, ao tempo que a transferência da gestão das áreas devolutas locais para a administração estadual acelera a ocupação das terras disponíveis, num avanço rápido pela repartição e incorporação às grandes fazendas das áreas de floresta. Nesse momento explode o problema da definição de fronteiras, envolvendo toda a parte oeste atual do estado de Santa Catarina. E chega a Brazil Railway reivindicando grande parte dela para seus empreendimentos ferroviários, madeireiros e de loteamento.

    A presença da Brazil Railway e o cercamento das áreas de florestas pelos grandes fazendeiros de gado expressam a nova forma de economia que passa a dominar o planalto meridional na virada do século, baseada na exploração madeireira da mata de araucária, em rápida desaparição, e levando a atividade extrativa a avançar rapidamente pelas áreas de mata mista do alto curso dos afluentes do rio Paraná. A marcha da extração madeireira avança expulsando posseiros, extinguindo tribos indígenas remanescentes e aprofundando o cercamento desenfreado de terras entre os grandes fazendeiros, atropelando e empurrando a massa de camponeses do planalto catarinense-paranaense para áreas de parcelas exíguas, para o abrigo dos oligarcas em conflito e para a falta de alternativas.

    É quando aparece na área o monge José Maria, relembrando à massa sertaneja da promessa de João Maria, um místico que em tempos passados pregara pela instalação de uma comunidade religiosa no planalto, e falando em nome dele. João Maria era visto como o portador do anúncio do retorno de D. Sebastião, rei de Portugal desaparecido durante as Cruzadas em Jerusalém e sempre confundido no imaginário camponês com os Doze Pares de França, guerreiros de Carlos Magno, cujas aventuras são contadas em verso e prosa em livros que de longa data circulam pelos sertões brasileiros, do sertão nordestino ao catarinense. E junto a D. Sebastião viriam também os cavaleiros armados, com o intuito de restabelecer na terra a comunidade da monarquia divina. A comunidade de que falava João Maria e com a qual se instalaria de vez a justiça social negada aos camponeses e que, desde então, neles calara fundo em seu conflito eterno com a oligarquia fundiária local. E é em nome da chegada do momento de instalação dessa comunidade anunciada por João Maria que nessa quadra de conflito generalizado aparece José Maria, apresentando-se como o emissário do próprio monge.

    As semelhanças de um e de outro, em particular sua propriedade de curandeiro, levam os seguidores de João Maria a aderirem à pregação de José Maria e a segui-lo em suas andanças pelo planalto. E é num desses momentos de peregrinação pela área de fazendas de gado das cercanias de Curitibanos que José Maria é procurado por uma comissão de festividades de Taquaruçu, um povoado da região e área de disputa de poder entre o coronel Francisco de Albuquerque, no governo de Taquaruçu, e Henriquinho de Almeida, seu opositor, com um convite de participação nas festas do ano. José Maria aceita o convite e se desloca acompanhado de trezentas pessoas para Taquaruçu. Terminada a festividade, resolve por lá ficar por uns tempos. E por seu favor de cura a parentes do fazendeiro, José Maria se torna íntimo de Henriquinho de Almeida, angariando a antipatia de Francisco de Almeida. Temeroso dessa aproximação e acusando José Maria de estar mobilizando o povo para a reinstalação da monarquia, num ato de rebeldia antirrepublicano, Francisco de Almeida pede a intervenção policial do governador de Santa Catarina. Este prontamente envia tropas para prender José Maria, com ordens de dissolução de seu grupo de seguidores. Alertado da movimentação de tropas, José Maria escolhe 40 homens dentre seus melhores seguidores, declara 24 deles seus Doze Pares de França, e com eles montados em cavalos brancos se retira para Irari, uma região de matas e faxinais localizada à margem do rio do Peixe, no município de Palmas, povoada por pequenas comunidades de camponeses, do lado paranaense do contestado.

Aí chegando, José Maria se arrancha. E a ele de imediato se agregam duzentos seguidores, quase todos camponeses do lugar. Chega em simultâneo o contingente policial catarinense, ao qual se juntam as forças policiais de Palmas, saídos em marcha para Faxinal do Irani, local de arranchamento de José Maria, cuidando de levar ao seu conhecimento o ultimato de dissolução de suas forças, entrega das armas dos seus homens de guarda, calculada em quarenta *winchesters*, e apresentação às autoridades. José Maria mostra-se receptivo a uma conversação e mesmo a aceitar transferir-se para outro local fora do Paraná, à sua escolha, mas rechaça o ultimato. Dá-se, então, o confronto esperado. Conhecedores do terreno, seus seguidores atraem as tropas inimigas para o âmbito da floresta e aí as atacam, armados de espadas e facão de madeira, em pequenos grupos móveis. As escaramuças se espalham por toda a área de mata, no meio das quais morre José Maria, e terminam com a derrota das forças policiais. E a dispersão da guarda do monge.

Seguindo a orientação deste, que antecipara sua morte e o resultado do confronto à sua guarda, bem como a alertara para uma batalha que apenas começaria em Irani, a guarda se reaglutina do lado catarinense. E fica à espera do retorno do monge, vindo à frente das forças de Dom Sebastião, para onde sua morte intencional o levara. O sinal de José Maria não demora a aparecer. Trazido ao conhecimento da sua guarda, formado por Manoel Alves de Assumpção Rocha, Chico Ventura e Euzébio Ferreira, um pequeno grupo escolhido pelo próprio monge, através de aparições a membros da família de Euzébio. Seus seguidores deveriam reunir-se no mesmo sítio de Taquaruçu, como ponto de espera e reaglutinação. Respondendo ao sinal, os fiéis acorrem a Taquaruçu em grandes levas. E aí fundam uma cidade santa. Como símbolo da comunidade, as mulheres adotam o uso de um chapéu com fita branca e os homens, a barba raspada e o cabelo cortado em escovinhas, estes adquirindo um visual que logo leva os moradores do planalto a chamar os adeptos da comunidade de "pelados", aos quais estes respondem com o apodo de "peludos".

Assustados com o crescimento da comunidade, e ainda com uma forte lembrança de Canudos, os governos estadual e federal se mobilizam. E enviam tropas para destruir

Taquaruçu, que para sua surpresa se mostra uma comunidade altamente organizada. Atacando a cidade em três frentes, uma vindo de Caçador, outra de Campos Novos e a terceira de Curitibanos, as tropas do governo são surpreendentemente derrotadas.

Embora vitoriosa, a comunidade resolve transferir-se para Caraguatá, só parte dela ficando em Taquaruçu, numa tática de disseminação e troca de localizações que se tornará daí para diante uma prática costumeira da comunidade, num desdobramento de sítios e fundação de cidades santas que logo recobrirão toda a área de campos e matas da região do contestado. Desinformadas desse desdobramento, as tropas governistas realizam novo ataque a Taquaruçu, agora munidas de canhões, destruindo-a. Instalada, porém, a salvo dos bombardeios a Caraguatá, a comunidade aperfeiçoa suas formas de organização, mobiliza novos quadros e multiplica suas lideranças. Dentre os novos quadros vai ressaltar-se a figura de Venuto Bahiano, desertor da Marinha durante a revolta ocorrida no Sul no final do século e desde então internalizado nas matas montanhosas como fugitivo, e que se desloca para apresentar-se em Caraguatá, onde logo é colocado no posto de instrutor militar do acampamento. Um outro é Aleixo Gonçalves de Lima, capitão da Guarda Nacional e também fugitivo por questões de conflitos de terra com a Lumber. E um terceiro é Conrado Grober, um alemão acaboclado, também com experiência militar.

Em Caraguatá o movimento rebelde ganha também sua forma própria de organização comunitária. E a definição do que vai ser daí para diante o seu modo de vida. Pouco se produz propriamente nas terras da comunidade. É a chegada constante de novos grupos, às vezes de famílias inteiras, trazendo pertences que são distribuídos equitativamente quando são alimentos e outros bens de consumo, ou mantidos em caráter privado de propriedade da família quando bens de outra natureza, como animais de montaria, armas e bens duráveis, bem como a ajuda, sobretudo em alimentos, da população circundante, e sobretudo as expropriações de bens dos grandes proprietários por meio de piquetes criados por Venuto, que, somados, provêm a comunidade de suprimentos. A autodisciplina coletiva garante o restante. Todas as manhãs e à tarde, duas vezes ao dia, os membros da comunidade são colocados em forma, faz-se o censo da população e da disponibilidade de armas e bens e todos saem em procissão pela cidade. O resto da manhã e da tarde é dedicado aos exercícios de adestramento militar. E o restante das horas, ao convívio das famílias. A busca de segurança a uma população que não para de crescer leva contudo o comando a dividir seguidamente a comunidade em novos lugares, surgindo assim, ao lado de Caraguatá, Pedras Brancas, nos campos do Bom Sossego, São Sebastião, no vale do rio Timbozinho, e Vila Nova do Timbó, este já no Paraná. Todos localizados em sítios naturalmente ainda mais abrigados. E todos muito povoados. Os dois primeiros redutos chegam a reunir mais de duas mil pessoas cada. E leva também a mobilizar novos quadros e lideranças. Agora com a chegada de Chiquinho Alonso. Aos poucos Pedras Brancas vai ganhando maior importância, para ela se transferindo o grosso das forças comunitárias e de defesa. Logo Pedras Brancas é trocada pelo erguimento do reduto de Caçador, no vale do rio do Peixe, de melhor logística, em face de seu sítio montanhoso e densamente florestado, praticamente posta no centro territorial das demais cidades, que a cercam numa linha de força. Assim organizada, a comunidade da Nova Jerusalém ataca com seus piquetes desde o trecho montanhoso e florestado do norte ao trecho plano e campestre do sul. E numa demonstração de poderio, ataca Calmon e União Vitória, na fronteira com o Paraná, ocupando as instalações da Brazil Railway e ateando fogo nas da Lumber.

O aumento do número de cidades e com ele o de piquetes, este indicando o problema do aumento da necessidade de meios de subsistência, exprime a força da presença da comunidade no planalto. Mas também a necessidade de as forças governistas aumentarem a sua, logo fortalecida com a adesão da força paramilitar dos vaqueanos, indicando o alto grau da participação dos grandes fazendeiros nas ações de combate às cidades santas. É assim que um enfrentamento de grandes proporções se prepara para acontecer, com as forças da comunidade e do governo acumulando poderio de um lado e do outro.

Em fins de 1914 este estado de iminência está claro. Espalham-se pelo planalto catarinense tanto as forças da comunidade quanto as do governo.

A capacidade de organização e ação da comunidade do monge aumenta enormemente, estendendo-se sua área de mando de União Vitória a Lages, no sentido norte-sul, e do alto curso do rio Itajaí ao vale do rio dos Peixes, no sentido leste-oeste, num todo de área de 28 mil km^2 e uma população de mais de vinte mil habitantes que abarca praticamente toda a região do planalto. As cidades se consolidam e aumentam de tamanho, cada qual reunindo de trezentos a quinhentos habitantes. E ganham um perfil urbano mais definido, suas ruas e ruelas de traçado irregular e tortuoso desembocando sempre numa igreja. O casario passa a ter uma arrumação interna mais confortável, em geral dispondo de quarto e cozinha, esta funcionando como um compartimento de multiuso, ora de dispensa, ora de sala de jantar e ora de sala de reunião. O material de que se serve, seja para sua construção, seja para a produção do mobiliário, é mais abundante e vem tanto do meio local quanto do gado provindo dos piquetes e guardado no pasto em grande quantidade: do couro e pele faz-se o colchão de dormir, as cobertas e a diversidade dos utensílios, e dos vegetais da mata tiram-se as varas para fazer-se desde o estrado da cama à parede e o teto das casas, usando-se o cipó para a amarra dos trançados, e a palha para a cobertura. A principal fonte de recursos é a couraria do gado bovino apreendido, ao lado do cavalo, pelos piquetes e trazido para as reservas da comunidade. O couro é comerciado até com os estados distantes, de cuja venda e intercâmbio vêm os recursos para a compra dos bens necessários, desde os alimentos até as armas e o sal.

As forças do governo estadual e federal aumentam também sua capacidade de organização, passando a atacar as comunidades rebeldes a partir de um cerco montado em caráter permanente ao seu redor. Seguido de ameaças e propostas de negociação. O comando é passado para o general Setembrino de Carvalho, que chega ao Contestado com uma tropa de sete mil soldados do exército, aumentada das forças estaduais e do coronelismo local. Formando um cerco organizado em quatro frentes, Setembrino mobiliza o apoio logístico da Estrada de Ferro São Paulo-Rio Grande do Sul, da Railway. E envida um grande esforço para dispor do mapeamento preciso do sítio e das sucessivas realocações das cidades santas. E toma por objetivo do cerco estreitar o campo de ação dos piquetes, sabedor de sua importância logística, reduzindo o suprimento alimentício e de armamento das comunidades.

Percebendo a mudança de rumos da guerra, o comando rebelde transfere a cidade-sede de Caçador para Santa Maria, reduto erguido entre os desfiladeiros mais montanhosos do norte. Centraliza a direção do conjunto dos redutos sob o comando de Adeodato. E lentamente transfere o grosso da população rebelde para concentrá-lo no reduto-mor, deixando nos demais redutos poucos homens, no intuito de transformá-los num círculo ao redor do reduto-mor de Santa Maria com a função de uma primeira linha de defesa.

Visando minar essa estratégia, com o apoio dos vaqueanos, cedidos pelos coronéis e bons conhecedores da região, o comando governista aperta continuamente as frentes do cerco, buscando comprimir e estrangular progressivamente o círculo das forças sertanejas. A ação dos piquetes começa a encontrar dificuldades e a escassear os suprimentos nos redutos. Surgem os primeiros surtos de doenças, provocados pela falta de sal. E falta munição de guerra. O problema é maior justamente no reduto-mor de Santa Maria, onde se concentram mais de cinco mil habitantes. E grupos de comandos aos poucos vão se entregando às forças governistas, atendendo suas chamadas de negociação insistentemente divulgadas em volantes pelo general Setembrino. Com eles, vêm também as informações logísticas. O conhecimento da localização das cidades, das táticas de guerra dos sertanejos, dos detalhes do terreno por ele almejado. Vendo ser chegado o momento, em começos de 1915 Setembrino quebra o círculo de defesa e ataca o reduto central de Santa Maria.

Antecipando-se ao ataque, Adeodato evade com grande parte da comunidade de Santa Maria. E refugia-se nas matas de São Miguel, uma área localizada pouco além do local do reduto de Santa Maria, e mais protegida. Apoiados nessa logística os piquetes voltam a agir e aos poucos se restabelece o dia a dia da comunidade. Ao mesmo tempo, reergue-se também o antigo reduto de Pedras Brancas, sob o comando de Sebastião de Campos, curandeiro à semelhança do monge José Maria.

Considerando estar diante do reerguimento da comunidade do monge, os fazendeiros locais clamam por novo ataque, encontrando a negativa de Setembrino, que entende por terminada a rebelião, declara finda a guerra e retorna com seu exército ao Rio de Janeiro. É o fôlego que o movimento comunitário precisava para respirar e reerguer-se. E de novo transfere-se de local, indo fundar no vale do rio Timbó, mais mergulhado na parte serrana ainda, o reduto de São Pedro. Mais espaçoso e mais propício à organização da comunidade, o novo reduto em pouco tempo abriga mais de quatro mil pessoas, com áreas de plantações e reserva de gado trazido pelos piquetes. Também o reduto de Pedras Brancas melhor se organiza e se estabelecem as ligações entre os dois redutos. E se entrosam os respectivos piquetes, São Pedro agindo mais ao norte e Pedras Brancas mais ao sul. É quando vêm os primeiros ataques das forças locais, vaqueanos à frente.

O ataque se concentra no reduto de Pedras Brancas. Dois meses depois é a vez de São Pedro, onde se concentrara a totalidade da população dos dois redutos, oferecendo forte resistência. Ilhado e sem o apoio logístico dos piquetes, São Pedro por fim cai. O ano é de 1916. O reduto é saqueado. Adeodato é preso. E se fecha o longo ciclo dos grandes contraespaços comunitário-rurais.

A REINVENÇÃO INDUSTRIAL

A simultaneidade temporal do fim do ciclo dos contraespaços rural-comunitários e do ciclo de sobrevida plantacionista com a crise do café indica a passagem do espaço brasileiro à fase industrial. Termina o movimento da acumulação primitiva. E a indústria caminha para sua arrancada da autonomização e centralidade.

Surgida sob a égide dos últimos ciclos agrícolas, a indústria se organiza na fase inicial com um perfil estrutural que primeiro reproduz o arranjo disperso e pouco diversificado da organização plantacionista. Aos poucos se autonomiza e torna-se o centro de nova ordem de organização do espaço. Há, assim, uma fase molecular, marcada pela dispersão, e uma fase monopolista, marcada pela integralidade. Na elaboração da passagem, a sociedade do trabalho. Assim como fora com a acumulação primitiva na passagem da centralidade plantacionista para a industrial.

O ESPAÇO MOLECULAR

Três períodos distinguem o espaço industrial na fase molecular: o de 1870, 1870-1920 e 1920-1950. Nesse decurso a indústria emerge do plantacionismo para ganhar autonomia. E via construção de seu perfil como uma sociedade do trabalho, acumula base para o salto rumo à constituição de estruturar-se numa formação socioespacial própria.

O período até 1870 é o domínio de dois tipos de indústria, a de beneficiamento e a doméstica, ambas de características rurais. A indústria de beneficiamento é a que se relaciona aos tratos que habilitam o produto agrícola à transformação manufatureira, a exemplo da indústria de beneficiamento do café, que desidrata e aprimora o gosto dos grãos ainda nos terreiros de secamento da fazenda, preparando-o para a transformação na forma apropriada da bebida. A indústria doméstica é a que dá origem aos produtos relacionados aos bens de consumo não duráveis e utensílios de largo uso nas fazendas, produzidos em pequena escala dentro dela.

O período de 1870-1920 é o da sua entrada na forma moderna da fábrica, que vem para substituir a indústria doméstica no momento em que a sobrevida da *plantation* implica a troca da forma escravista pela assalariada do trabalho. Agricultura e indústria entroncam-se entre si numa divisão territorial do trabalho e das trocas, com centro de comando da primeira. E carregam suas respectivas ordens de problema. A agricultura, o problema da forma de reprodução de sua força de trabalho, agora proto ou assalariada. E a indústria, o da forma de disciplinação do trabalho fabril. O primeiro é resolvido com o advento da própria indústria. E o segundo, com a instituição do mundo da indústria como sociedade do trabalho.

Dessa forma, se para a *plantation* o surgimento da indústria significa a expulsão para fora de si mesma dos custos com a reprodução da sua força proto ou assalariada de trabalho, para a indústria a sobrevida da *plantation* nessa sua nova forma de organização significa o surgimento de um mercado para seus produtos.

Daí a natureza rural e dispersa da indústria fabril nessa fase, sua disseminação pelo âmbito das áreas agrícolas, fonte da matéria-prima, força de trabalho e capitais que usa em seu surgimento. Stanley J. Stein nos fala dessa dispersão a propósito da indústria têxtil de algodão, característica da época (Stein, 1979). E Antonio Barros de Castro mostra o quadro de sua distribuição numérica entre os estados brasileiros e suas mudanças entre 1875 e 1885, quando a industrialização dá seus primeiros passos: 1 no Maranhão, 1 em Pernambuco, 1 em Alagoas, 11 na Bahia, 5 no Rio de Janeiro (capital), 6 em São Paulo e 5 em Minas Gerais, no ano de 1875; e 1 no Maranhão, 1 em Pernambuco, 1 em Alagoas, 12 na Bahia, 11 no Rio de Janeiro (capital), 9 em São Paulo e 13 em Minas Gerais, no ano de 1885 (Castro, 1980).

O período de 1920 a 1950, por fim, é o da saída e autonomização da indústria frente ao campo, sua ida para a cidade local, ainda do interior, seguida da ida para as cidades capitais, numa inversão da relação de dependência com a agricultura, que arruma agora ao redor de si – como nas áreas dos núcleos de migração do sul, nas do planalto paulista e mesmo nas de gado e cana nordestinas –, assumindo a centralidade da nova ordem de espaço que está instituindo como fim da fase da acumulação primitiva, mas sobretudo de auge da sua instituição como uma sociedade do trabalho.

A sociedade do trabalho

É na interface entre os universos da fazenda e da cidade que a indústria nasce e cresce, ora empregando a força de trabalho rural de uma, ora a terciária de outra.

Seu desenvolvimento rumo à autonomização e centralidade só ocorrerá, todavia, à medida que essa sua força de trabalho assimile sua forma disciplinar própria de tempo-espaço. E este é um processo cultural. Por isso, lento. Não por tratar-se de a indústria estar criando-se a si mesma e a seus elementos constitutivos como um mundo novo, o mundo industrial, mas de ter de fazê-lo integrando a este mundo ao mesmo tempo a fazenda e a cidade.

A vila operária é a matriz dessa constituição. É uma forma de arranjo do cotidiano da população industrial que surge junto com a fábrica (Lopes, 1979). Localizada no meio rural onde tem que reunir ao seu redor uma força de trabalho escassa, a fábrica retira-a da fazenda e fixa-a numa vila junto consigo. Aí, ergue sua planta. O casario do operariado e uma pequena usina elétrica. Mas localizada também no meio urbano, procede na relação com a cidade do mesmo jeito. Muitas vezes da vila nasce uma cidade. Muitas outras vezes é a cidade que recebe a vila, cedendo ao binômio fábrica-vila parte de seu espaço na periferia. Seja como for, fábrica e vila surgem como um mundo binomial a partir de uma relação de dentro com a fazenda e a cidade.

O problema é que isto significa crescer a partir de raízes brotadas do solo do plantacionismo. O todo de que fazenda e cidade são bases e elos orgânicos. E cuja lógica é o que define o que é a fazenda e o que é a cidade. E, assim, o que será a indústria nascente.

O universo plantacionista é um todo de estrutura sistêmica com alicerces na fazenda e na cidade. Condição que estas passam para a indústria. Embora a ponham junto e na mesma função ancilar da policultura de subsistência, enquanto fonte de sustento e base de reprodução. Assim como com a policultura, a fazenda e a cidade esperam que da indústria saiam os elementos que as alimentam em sua reprodutibilidade. E é por esse viés que a indústria vai entrar nesse universo interativo da fazenda e da cidade. Brotando de uma raiz mergulhada na reprodução da fazenda e na reprodução da cidade, a indústria usa dessa relação para trazer para si as características que aproximam e ao mesmo tempo distinguem fazenda e cidade uma da outra dentro do plantacionismo. São ambas ao mesmo tempo bases comuns e entes de vidas paralelas dentro e em relação com o plantacionismo. E nessa condição antecedem o nascimento da indústria e são indiferentes para com ela. Características que a indústria incorpora à sua organicidade, se implantando no interior do plantacionismo como ente geográfico orgânico e paralelo ao mesmo tempo à fazenda e à cidade. E é sob elo comum de entes autônomos e paralelos entre si que vão evoluir e se relacionar fazenda, cidade e indústria na ordem nova que está surgindo. Até que a indústria inverta os sinais, ponha-se na centralidade e imponha seu mundo seja à fazenda, seja à cidade.

Na colônia a cidade é o local-sede dos aparelhos de Estado (Câmara Municipal, Polícia etc.). E nessa função é o centro logístico das articulações para baixo com a elite plantacionista e para cima com os poderes maiores da Coroa. Mas é o papel de vínculo mercantil para fora com as praças de mercado e para dentro com o esquema reprodutivo do sistema agromercantil o dado que a caracteriza. É o elo de domínio da elite plantacionista e metropolitana. Com a independência e a seguir a Monarquia e a República esse perfil de elo se reforça. Mas agora para a cidade se situar entre a elite de cima e de baixo no novo esquema de poder. E passa a se definir, nessa condição, como ente geográfico do bloco histórico que através e em nome do pacto federativo se ergue como encarnação e retrato do arranjo do espaço brasileiro daí para frente. Sucede que essa cidade surge no interior dos ciclos econômicos. Faz parte deles. E com eles se transfigura quando, via sobrevivência plantacionista, estes se desdobram no nascimento da indústria. Em momento nenhum neles exercera uma função econômica propriamente dita. E por isso é uma pura espectadora da indústria quando esta surge. Mas é ela que, quando indústria e agricultura se separam e se inter-relacionam numa divisão territorial do trabalho sob o comando da indústria, nessa condição em seguida a recebe, agencia-a em seu progresso e a ela, por fim, se amolda.

Uma trajetória não muito diferente segue a fazenda. Também esta nasce dentro e na relação com os ciclos. Mas, à diferença da cidade, é o próprio ciclo, seu conteúdo rural, assim se confundindo com o próprio todo. Quando, com o surgimento da divisão territorial industrial do trabalho, a cidade se recria para moldar-se e funcionar como um ente geográfico do mundo da indústria, a fazenda também se modifica, vira campo, território agrícola e pecuário, funcionando como fonte fornecedora de suprimentos alimentícios e matérias-primas e recebedora de manufaturados da indústria da cidade. Por isso, até este momento a rigor não há cidade e campo no sentido econômico moderno. E, pois, uma relação cidade-campo. Há cidade. Não há campo. Porque o que existe é a fazenda, célula de um todo rural-mercantil, um ente cosmopolita por sua relação com o luxo urbano que vem de fora e dela faz a própria matriz de uma sociedade agrária com forte assento na cultura citadina. É no âmbito de avanço da acumulação primitiva – em seu vínculo com a lavoura canavieira modernizada pela usina, na zona da mata nordestina; a pecuária pós-ciclo da mineração, autarcizada no arco pastoril da hinterlândia mineira; o seringal semiassalariado, no vale amazônico; a fazenda do café capitalista, no planalto paulista; e os núcleos de colonização imigrante, no planalto sulino – que cidade e campo como tais começam a aparecer, explicitando-se como espaços funcionais, economicamente individualizados, e assim inter-relacionados como entes em intercâmbio.

É quando, então, fazenda e cidade se fundem e ao mesmo tempo se separam e se diferenciam. E a própria indústria, invertendo sua relação com a fazenda, dela se autonomiza, migra para a cidade, envolvendo-a em suas regras e finalidades como fizera já com a fazenda, erguendo-se como gestor privilegiado da interação fazenda-cidade.

A relação fábrica-vila é um subproduto de tudo isso. Um núcleo que cresce como matriz do novo dentro do crescimento desse todo, regularizando e normatizando fazenda e cidade nas regras e na medida da constituição do mundo da indústria.

O sentido dessas regras é que o trabalho na indústria implica uma disciplina de tempo e espaço concomitante à regularidade da rotina e dos prazos de mercado, desconhecida pelos homens e mulheres que migram tanto da fazenda quanto da cidade para o trabalho na fábrica.

Para atingi-la, a indústria necessita regulamentar a vida cotidiana desses homens e mulheres na regularidade da rotina de horários e prazos do tempo-espaço do relógio que disciplina e ordena a rotina do trabalho dentro da fábrica. O que quer dizer baixar um regulamento de obediência obrigatória que regule ao mesmo tempo o dia a dia do trabalho na fábrica e na vila operária, disciplinando homens e mulheres numa só consonância de movimentos. E que elimine com isso de modo automático tanto a interrupção intempestiva da jornada quanto a flutuação sazonal que afeta a regularidade do trabalho fabril toda vez que chega a época de safra no campo, para onde homens e mulheres se deslocam automaticamente.

O ponto de partida é o tempo-espaço disciplinar da vila operária. Se na fábrica a vigilância impõe por si mesma a observância do regulamento, na vila esta sempre é quebrada pela liberdade do lazer e do descanso. De modo que é preciso viver vila e fábrica um mesmo discernimento de tempo e espaço através de um modo de arranjo comum de controle de seus espaços.

A vila operária varia de tamanho de companhia a companhia. E de uma área industrial para outra. Em todas, entretanto, a morada é contígua à fábrica, praticamente se confundindo o espaço de uma e de outra. Em todas elas, incluem-se as casas dos moradores, a escola, a farmácia, com assistência médica, a usina elétrica e frequentemente as áreas de lazer, em particular um campo de futebol. A escola generaliza como dado geral a ética e ótica profissional que o trabalhador recebe na fábrica, conjugando nessa conformação a ideologia e a visão urbana de mundo que emanam e têm por centro a fábrica, a ideologia e a etiqueta servindo de argamassa comum. A introspecção cultural desse duplo se transmuta numa só ordem de espaço-tempo, a fabril, levada para dentro e para fora do momento do trabalho, numa forma de naturalizar pelas atividades de descanso e lazer os valores de harmonia que velam o trabalho na fábrica, aparando as dissonâncias do cotidiano de ambas e dissolvendo os conflitos dos trabalhadores e do patronato.

Morar na vila operária tem por isso por pré-requisito trabalhar na fábrica. A perda do emprego implica a perda do direito de residência. A finalidade é fazer da coerção uma regra consensual de convívio e ponto de amarra disciplinar e de controle. Mora-se na vila por um aluguel o mais das vezes simbólico, que a companhia compensa com a certeza do exercício do cumprimento pelo trabalhador-residente da regularidade do trabalho e da incorporação dos valores do mundo da indústria já no cotidiano da vila, num reforço da obediência consensual das normas do regulamento. A preferência é por isso a concessão da morada a famílias inteiras, de modo a envolvê-las na função do controle, que é tão maior e mais autocoercitivo quanto mais membros delas tenham emprego na fábrica. Se a transgressão da regra no trabalho da fábrica atinge o trabalhador individualmente com advertências, multas e demissão, atinge-as mais intensamente na escala coletiva das famílias dentro da vila, obrigando-as a intervir com mais força e interesse na mais pronta socialização da cosmovisão e da obediência sincrônica por seus membros, empregados ou não da companhia, das normas de coabitação do espaço da fábrica e da vila, uma vez que a expulsão do trabalho na fábrica traduz-se na expulsão de toda família da vila. A observância, ao contrário, leva-as a ganhos de benefício mais intensamente, como o prestígio na companhia e o tamanho e o conforto da casa, serviços de crédito para o consumo, assistência médica e auxílio mutuário, criados para este fim pela companhia.

Mas é a usina de energia elétrica a base funcional do binômio fábrica-vila e a fonte maior dos benefícios, respondendo pela eficácia e funcionamento do binômio, desde a produção regular da fábrica ao conforto e lazer da vila. E do seu progresso depende o da própria indústria.

Nos primeiros anos é a energia hidráulica, substituta da lenha, a forma de energia usada pela companhia. Mas a partir da década de 1890 é a energia elétrica que mais se implanta. Daí resultam dois distintos momentos, que se reproduzem na estrutura e evolução também do binômio. Assim como a vila operária e a infraestrutura de circulação, também a usina é função dos recursos da companhia, que as instala em caráter privado. Geradora dos privilégios ao servir como força produtiva para a fábrica e de iluminação para as residências e ruas da vila operária, extensivo à cidade em que esta por ventura se encontre, a usina extrai sua influência sobre o binômio também da definição do ponto de localização. Cada companhia industrial organiza seu espaço na conformidade do lugar e características da localização da usina, uma unidade de pequeno porte nesse primeiro momento e que normalmente por isso se localiza junto a uma queda d'água, seu sítio virando o sítio de todo o núcleo. Aspecto que reforça o caráter disperso e interiorizado da indústria e, então, da autarcia que faz o mundo da fábrica-vila assemelhar-se ao mundo das fazendas de lavoura e de gado do período plantacionista, seja por nele estar inserido, seja por seu caráter de matriz de formação disciplinar do trabalho industrial, num traço de forte autoritarismo.

Paulatinamente, entretanto, esse mundo fechado vai se abrindo para o âmbito mais amplo das relações inter e intraurbanas, cujo vetor é o encontro estrutural que se vai dando da indústria com a cidade. E veículo, a grande transformação paulatina do porte e perfil da usina. A passagem do pequeno para o grande porte alarga a escala territorial da oferta de energia e o âmbito de espraiamento da cidade, aumentando seu número, tamanho e raio de ação espacial, amplificando-se com ela o mercado da indústria. Cidade e indústria passam a atrair-se, assim, reciprocamente, levando o binômio fábrica-vila a estender-se e irradiar por dentro da cidade sua cultura de trabalho disciplinar.

A arrancada industrial

A migração da indústria para a cidade reordena o todo do espaço plantacionista, dissolvendo e substituindo seus valores pelos valores normativos e disciplinares da sociedade do trabalho. Um processo em que, depois de descolar-se do umbigo da *plantation* indo para as cidades próximas, a seguir para as cidades maiores, depois para a cidade-capital, vencida a fase matricial da vila operária, desloca-se para ir por fim concentrar-se nas grandes cidades da região Sudeste.

O Censo Industrial de 1907 registra um quadro de distribuição marcado pela dispersão, mas, diferindo do quadro de 1875-1885 discriminado por Stein, aponta já para uma tendência de concentração. Considerado o valor da produção, 40% dos estabelecimentos industriais encontram-se no estado do Rio de Janeiro (33% no Distrito Federal e 7% no restante do estado), 33% no estado de São Paulo e 15% no Rio Grande do Sul. Os restantes 29% dispersam-se pelos demais estados da federação (Geiger/GGI, 1963). Em termos quantitativos, Rio e São Paulo reúnem 56% do total da indústria brasileira nesse ano, o restante dos estados reunindo os demais 44%.

Todavia, até os anos 1940 essas indústrias são todas do ramo de bens de consumo não durável, a concentração sendo mais de natureza quantitativa que estrutural, evoluindo num quadro de arranjo molecular até a década de 1950, quando, então, o Brasil se torna autossuficiente nesse ramo e o espaço molecular atinge seu estado máximo de desenvolvimento.

É quando, após a fusão com a cidade e o mercado oferecido por esta, a indústria vira sua face agora para a fusão com a fazenda, reproduzindo sua estrutura extensiva na forma de uma estrutura de produção agrícola e pastoril também extensiva e de mercado, arrumada em áreas organizadas em arranjos especializados segundo as demandas do mercado urbano. Libertas do ditame plantacionista estas se espalham pelas mais diferentes partes, buscando localizar-se preferencialmente ali onde encontrem os eixos de circulação e as cidades mais populosas e industrializadas estejam próximas. Rege-as a renda diferencial de fertilidade e localização, mas orientadas numa produção para dentro, liberando-se assim também dos constrangimentos da localização marítima e portuária, interiorizando-se pelas áreas de mata amplamente. Mas uma renda diferencial articulada agora a uma forma-valor predominantemente de renda em produto e renda em dinheiro, substitutivas da renda-trabalho dominante na policultura dominial.

É assim que a lavoura avança sobre os restos de mata atlântica e daí pula para as manchas de mata e mata-galeria da faixa campestre da hinterlândia. Muitas se combinam a surtos de extração madeireira e muitas outras a surtos de consumo de lenha, pressionadas pela demanda de construção das cidades e da boca das indústrias. E liberam levando consigo massas de trabalhadores rurais então ilhadas nos núcleos da *plantation* da cana e do café a que estiveram adstritas, dando início a um movimento de mobilidade territorial do capital e do trabalho que responderá daí para frente por uma geral redistribuição da população pelo espaço brasileiro. Mais modesta nos seus efeitos, a pecuária avança sobre as áreas ainda rarefeitas da vegetação campestre.

Comprimida entre a mata e o sertão, a zona do agreste é a área de produção alimentícia do Nordeste, produtora de cereais, frutas, verduras e legumes nos "brejos", ao lado do algodão e agave nas áreas secas e de uma intensa atividade artesanal com que abastece suas cidades, preferencialmente as do sertão e da mata. Distintas dessas duas, o agreste é uma zona úmida e policultora desde o período da Colônia. Desde então, o agreste toma para si a função regional da produção alimentícia que faz a riqueza dos mercados-modelos e feiras de suas cidades. E se reforça nessa função com a extinção e expulsão da policultura pela modernização tecnológica da lavoura canavieira, tornando-se o braço sub-regional do modo como o binômio monocultura-policultura passa então a se organizar (Andrade, 1973).

Nas áreas dos patamares da encosta e topo dos planaltos do interior da Bahia surge uma segunda área produtora de meio de subsistência, aqui à base da pecuária leiteira combinada a uma policultura alimentícia produzida em regime de parceria. A terra é entregue ao lavrador para o plantio de uma policultura de alimentos de sua inteira propriedade, devendo ao fim de três anos devolvê-la com pasto plantado, indo a relação repetir-se mais adiante em área ainda florestada. O ambiente de mata seca e a passagem da rodovia Rio-Bahia explicam a escolha do local, num contraste com a pecuária tradicional do sertão interplanáltico localizado mais ao norte, com a produção voltada numa ponta para o mercado urbano e industrial de Salvador e numa outra para os mercados de Belo Horizonte e do Rio de Janeiro, o primeiro conectado por Feira de Santana e o segundo, por Montes Claros (Domingues e Keller, 1958).

São duas distintas áreas de suprimento alimentício. O agreste é agrícola, dada a umidade permanente dos "brejos". E os patamares e topo dos planaltos interiores são pastoris, dado o ambiente aberto e de mata seca. Ambas se conectam a áreas de mercado nordestino, a segunda voltando-se igualmente para a demanda de cidades mais ao sul, via sistema de rodovia.

Mas três outras áreas agrícolas surgem igualmente ligadas ao espaço nordestino, voltadas para o seu e para outros mercados: a área fumageira do recôncavo baiano, a cacaueira do sul da Bahia e a rizícola do Meio Norte.

A lavoura fumageira é uma atividade de pequenas parcelas localizada desde os tempos coloniais nos solos arenosos e pobres do baixo vale do rio Paraguaçu, nos baixos patamares do fundo do recôncavo. Fortemente fragmentada e povoada, a terra torna-se altamente produtiva mediante o uso intensivo do adubo vindo da combinação da lavoura com o gado estabulado. Articulado a essa consorciação, o fumo por outro lado associa-se também ao plantio de culturas de subsistência, em particular a mandioca nos solos arenosos não adubados. No período da Colônia, o fumo é um produto-chave no intercâmbio de escravos com a África. Findo o ciclo colonial, integra-se à indústria de cigarro que se instala nas cidades de São Félix e Cachoeira, deslocando para o próprio local a conexão histórica com Salvador e os mercados externos.

A lavoura cacaueira é uma atividade mais recente, embora os primeiros plantios datem do final do século XVIII, desenvolvendo-se no baixo-médio curso dos rios Mucuri, Pardo e das Contas, à base da pequena propriedade e com imigrantes sergipanos, no sul da Bahia. Aí, foge dos solos arenosos dos tabuleiros terciários do litoral, para ir buscar os solos aluvionais oriundos da decomposição do cristalino dos patamares interiores, rio acima. Mais tarde, ao encontrar, na progressão, os solos pedregosos entremeados aos grossos matacões das colinas florestadas dos cursos médios, aí fixa seu habitat. Interessa ao cacauicultor nesse tipo de solo, além da umidade e dos compostos minerais guardados permanentemente na raiz dos matacões, a proteção da mata densa, capaz de propiciar o uso do sistema de cultivo do cabrocamento, uma técnica de plantio realizado à sombra das árvores mais altas, depois de retiradas as plantas da sinusia mais baixa e intermediária. Encontrado o ambiente propício, o cacaual se expande rapidamente, formando com o tempo uma extensa área de cultivo ao redor das cidades de Ilhéus e Itabuna.

Marca essa consolidação um duplo aspecto. De um lado, o afluxo de capital urbano, responsável por uma forte mudança na sua estrutura fundiária. A compra por estes capitais de inúmeras das pequenas propriedades força a concentração e a estratificação da propriedade. Permanece uma parcela menor de pequenas, surgem as médias e sobretudo dá-se uma agregação de pequenas propriedades reunidas nas mãos de um mesmo proprietário, formando, sem fusão física, o tipo local de grande propriedade. De um outro, o trabalho flutuante, que enche fazendas e cidades de grande contingente de trabalhadores nas épocas da safra e as esvazia retornando ao sertão nas épocas de entressafra.

A paisagem cacaueira é o somatório dessas características. A fazenda no geral localiza-se à beira do rio, com a sede e as casas dos trabalhadores, encimadas das barcaças de secagem do cacau, nas cotas médias dos terraços, a pastagem do gado leiteiro e muar nas mais baixas e o cacaual cabrocado se espalhando por todas as encostas, com cafezais e seringais de permeio e as reservas de mata no alto do morro.

Em todos os cantos, salpicam as pequenas roças de policultura, as habitações roceiras e o traçado da ferrovia e da rodovia que põe a fazenda em contato com o entorno. Onde a propriedade é pequena, esta paisagem limita-se à casa rústica do proprietário, o assoalho de secagem, a casa de farinha, o pequeno pasto, a roça de milho, feijão e mandioca, e por fim o cacaual. E onde é média, a casa-sede de alvenaria, a casa dos empregados com barcaça, a pequena lavoura e o cacaual. O arranjo locacional geral, entretanto, é função da natureza da circulação, mudando com ela. Nos primeiros momentos a referência é o rio. O casario, o pasto e o cacaual dele se aproximam, buscando acercar-se dos portos fluviais por onde o cacau escoa para os portos marítimos, localizados por sua vez na foz dos rios. A ferrovia chega por volta de 1910, impondo um redesenho nesse arranjo. Cortando os patamares da meia encosta, elimina os portos fluviais em proveito da estação ferroviária, traz o casario, pasto e cacaual para as cotas mais acima do rio e libera os portos marítimos da localização fluvial, alterando por completo a distribuição posicional das cidades. A rodovia muda de novo tudo na década de 1950, impondo no rearranjo um quadro relacional mais internalizado em função do grande eixo da Rio-Bahia, arrumando o espaço cacaueiro à base de uma agregação de cidades que vai do eixo Ilhéus-Itabuna no litoral a Jequié no interior, e ampliando-o regionalmente.

Essa extensão amplamente dilatada traz a região cacaueira para uma articulação maior com a força de trabalho tradicionalmente oriunda do sertão, mobilizando-a em maior escala. E cria ao mesmo tempo a figura do formador do cacaual. Este é um parceiro contratado por empreitada. Sua tarefa é entrar na mata e convertê-la pelo sistema do cabrocamento numa fazenda de cacau integral. Posto com sua família à beira do eixo de circulação, à frente da linha de expansão da cultura do cacau, o formador do cacaual novo derruba as sinusias baixa e média da mata e planta o cacau à sombra da sinusia preservada de plantas mais altas. Este cresce em maturação lenta e natural, garantindo a qualidade do produto. Junto ao cacaual é plantada a policultura de subsistência. A cultura alimentícia e as primeiras colheitas do cacau, do terceiro ao quinto ano, são do parceiro, quando então deve devolver a fazenda com o cacaual em pleno estágio de produção ao proprietário, e recebe nova área de mata para nova formação. Absenteísta, o grande cacauicultor recebe a fazenda em plena fase produtiva, transferindo para si dessa maneira alta taxa líquida de renda fundiária do trabalho do formador, renda que usa em grande parte em investimentos urbanos, nas cidades locais e em Salvador, deixando a fazenda entregue aos cuidados de um administrador. Um regime de acumulação que complementa com o baixo salário que paga à força de trabalho flutuante que, à base do sistema do barracão, emprega em larga escala no período de safra, dela se desfazendo sem despesas na entressafra.

Já a rizicultura é realizada na esteira do avanço da fronteira agrícola que chega nos anos 1930 às áreas de várzeas da bacia Mearim-Pindaré. A onda de migrações de nordestinos que desde então para aí aflui leva a lavoura de subsistência a espalhar-se amplamente por essas várzeas, num plantio do arroz consorciado com a mandioca, o feijão e o milho, em geral em pequenas lavouras de posseiros ou em parcelas cedidas por grandes proprietários em regime de parceria, com destino aos mercados locais e do Sudeste (Andrade, 1970).

No vale do rio Doce surge uma outra área de frente pioneira, apoiada na lavoura do café, combinada a uma cultura intercalada de produtos alimentícios, e realizada por núcleos de colonização alemã instalados nas áreas de mata atlântica ao sul do vale do rio Doce. A chegada da ferrovia Vitória-Minas intensifica o movimento de ocupação, agora por capitais voltados para a exploração madeireira instalada na margem esquerda do rio Doce, formando uma faixa de devastação da mata atlântica que sobe até as terras altas do leste de Minas, onde a extração da madeira dá lugar à exploração da lenha pelas usinas siderúrgicas aí em expansão. No norte e oeste de Minas, onde a mata atlântica cede lugar ao cerrado, avança a pecuária de corte, numa rápida expansão acima do paralelo de Belo Horizonte, onde os antigos espaços pastoris guardam ainda o formato do arranjo em nebulosas dispersas e separadas por grandes vazios do arranjo do tempo da mineração. E abaixo do paralelo, no sul e na zona da mata mineira, é a vez da pecuária leiteira. Tendo Belo Horizonte como linha divisória, o norte e oeste se emendam com a área pastoril dos planaltos interiores da Bahia estruturados à base da pecuária leiteira consorciada à policultura, e o sul e oeste, às rotas que descem para o vale do Paraíba do Sul. Todo um conjunto de áreas de madeira, café, gado de corte e de leite se forma, assim, nesse conjunto de espaço nucleado no Espírito Santos e Minas Gerais, e servido pela Rio-Bahia, de olho no mercado do Rio de Janeiro (Strauch, 1958).

Ao redor da cidade do Rio de Janeiro forma-se uma extensa área de culturas comerciais, de subsistência e extração de lenha, marcada por grande mobilidade de deslocamentos e migrações locacionais. O ambiente privilegiado é a grande cercania de baixadas, no seu conjunto designadas baixada fluminense, que cercam a cidade do Rio de Janeiro em franca metropolitanização. Aqui domina a vastidão de planície aluvional quente e úmida e sempre alagada pelos rios que descem da serra do Mar ao norte e dos inúmeros maciços que bordejam o litoral ao sul, inundando-a e colmatando-a de novos sedimentos regularmente. Ocupada pela cana no século XVIII e pelo café no começo do século XIX, a baixada fluminense sofreu inúmeros trabalhos de drenagem, que a mantiveram como área dessas culturas até que a cana migrasse mais para o norte, rumo à baixada de Campos, em busca dos solos de massapê do baixo curso do rio Paraíba do Sul e o café mais para o interior, rumo ao vale médio. Por uns tempos, o loteamento urbano e a cultura da laranja coexistiram na antiga área da cana e do café, dividindo seu espaço com uma diversidade de áreas de roça de policultura de subsistência nas baixas encostas e de cultivo da banana nas encostas mais chuvosas, a extração da lenha dominando o cocuruto dos morros. O avançado da metropolitanização estabiliza essa área rural, diferenciando-a a seguir. Então, o baixo Paraíba do Sul consolida-se como área canavieira. Modernizada à base da usina, cana e usina se concentram na área do massapê amarelo, localizada na margem direita do rio, entre o rio e a Lagoa Feia, e anualmente inundada e coberta pelo limo trazido pelo rio, curso abaixo, aí se depositando regularmente. O massapê vem desse sedimento anualmente renovado, trazido das áreas de cristalino decomposto mais acima. De extrema fertilidade, torna-se o domínio da cana, em função da qual também aí acabam se localizando as usinas. Já o vale médio consolida-se como área de pecuária leiteira após rápida passada do café. Deixado devastado e decadente pelo café rumo ao planalto paulista, o vale médio é ocupado pelas fazendas de gado que descem das áreas do sul e leste de Minas Gerais, que aí se difundem substituindo as fazendas de café, numa paisagem mesclada de fazenda de gado e de café (Bernardes, 1957).

É a continuidade da diversificação dos cultivos o que vamos flagrar no derredor da cidade de São Paulo, também em acelerada metropolitanização. Atraída por seu mercado e do Rio de Janeiro e Belo Horizonte, aos quais se liga inicialmente, a bacia leiteira do médio Paraíba do Sul avança sobre o leste paulista, unindo numa grande mancha o miolo situado entre estas três cidades. Na depressão periférica é a vez da fruticultura, desenvolvida ao redor de Jundiaí e Itu; da laranja, ao redor de Limeira, Rio Claro e Araras; do algodão, ao redor de Sorocaba; e da cana-de-açúcar, ao redor de Piracicaba. Por sua vez, o café se consolida no planalto ocidental, dividindo os espigões com o algodão e a pecuária de corte, o café ocupando as áreas de terra roxa e bauru superior do topo; o algodão, mesclado com cereais, a meia encosta; e o gado, o fundo do vale, em invernadas onde engorda a manada trazida das áreas de pecuária do sul do Mato Grosso. Corta todo esse semicírculo a rede de ferrovias (Mogiana, Paulista, Araraquarense, Noroeste e Sorocabana), movimentando as interações para leste e para oeste. Para leste, para a capital, de onde partem essas ferrovias, leva esses produtos da periferia, onde chegam já industrializados, transformados seja pelas indústrias instaladas nas próprias cidades locais, seja pelas indústrias das cidades vizinhas, a maioria desenvolvida a partir da ferrovia e da expansão do café e agora organizada agrícola e industrialmente, espalhadas em grande número pelo interior. E para oeste, ruma, após atravessar todo o território do estado de São Paulo, para as áreas agrícolas e pastoris dos estados vizinhos, de que indústria e cidades paulistas vão também se abastecer.

Também no Sul se amplia a diversificação. São velhas e novas áreas pastoris que se multiplicam na faixa de vegetação campestre em grandes fazendas de gado do Rio Grande do Sul, Santa Catarina e do Paraná aproveitando os velhos e novos eixos de circulação expandidos pela depressão periférica. E velhas e novas áreas agrícolas, surgidas algumas com a abertura do cultivo da soja e do trigo nas planuras da campanha e do arroz cultivado na depressão Jacuí-Ibicuí. Olhando a demanda dos centros urbanos e industriais regionais e do Sudeste. Pela bacia do rio Paraná seguem se multiplicando e avançando pelo noroeste do Rio Grande do Sul, oeste de Santa Catarina e oeste do Paraná as comunidade de pequenos agricultores, levando, ao lado dos seus produtos de policultura, o arroz, o trigo e a soja a espalhar-se pelo sul do Mato Grosso.

E é no sul do Mato Grosso e de Goiás onde vão surgir os primeiros saltos da lavoura para a faixa de vegetação campestre da hinterlândia, formando ilhas de cultivos nas manchas de terra roxa no meio do cerrado e pastos naturais do gado extensivo, todas relacionadas à produção de cereais tropicais. Expandem-se na área consolidada de Dourados e entrando pela região Vacarias, ambas no sul do Mato Grosso, aproveitando os trilhos da Noroeste, e chegando ao Mato Grosso de Goiás, área do sul de Goiás, até onde se estendem os trilhos da Mogiana, num indício de saturação das áreas costeiras da mata atlântica.

O ESPAÇO MONOPOLISTA

A abertura dessas áreas agrícolas e pastoris e suas interligações à rede próxima e distante de mercado das cidades vão dilatando e ao mesmo tempo integrando o espaço brasileiro, nascendo um arranjo total com ossatura na divisão territorial do trabalho e das trocas e a indústria no centro.

É uma combinação desigual, todavia, esse arranjo global em desenvolvimento, diante do elevado grau de concentração estrutural que adquire. E cuja origem é a diferente forma como se dá a emergência da indústria dentro do processo da acumulação primitiva, aberto para uma forma capitalista avançada no Centro-Sul, truncada no Nordeste e inviabilizada na Amazônia. E seu motor, a forma territorial como se complementa o parque industrial a partir da autossuficiência do ramo de bens de consumo não durável, que leva o espaço molecular a desembocar no espaço monopolista.

A virada dos anos 1950

O espaço molecular pode ser entendido, usando uma expressão de Francisco de Oliveira, como um "conjunto de economias regionais, nacionalmente organizadas". E o espaço monopolista como uma "economia nacional, regionalmente organizada" (Oliveira, 1972). A década de 1950 é o marco de passagem.

Assim, no lugar do arranjo atomizado, disperso e indiferenciado do espaço molecular, instala-se um padrão de arranjo integrado, concentrado e desigualizado, com centro nacional em São Paulo. Todo o quadro de dispersão se altera, orientando-se o fluxo das relações cidade-campo, cidade-região, região-região, setor-setor para o rumo de uma divisão territorial industrial do trabalho e das trocas nacionalmente polarizada em um centro.

Uma primeira reorientação se dá no campo das relações regionais, de modo a torná-lo coincidente com a nova divisão territorial de trabalho e de trocas. A região centrada em seus próprios meios é uma cria da acumulação primitiva. A relação mediada e integrada pela cidade à base de sua relação com o campo é uma necessidade da acumulação industrial. De modo que se repete agora com a relação cidade-região o que no espaço molecular se dera com a cidade e o campo.

Disso depende a instauração da divisão territorial do trabalho e das trocas que empurre a molecularidade para adiante, uma vez que a urbano-industrialização pede que as relações espaciais voltem a atenção para dentro de si mesma e que a relação da cidade-campo seja o eixo do ordenamento. Um movimento que se faz em três etapas. Primeiramente, a da instituição da relação cidade-campo. Depois, e com fundo nesta, da relação cidade-região. Por fim, mediada por sua vez por esta segunda, a relação entre as regiões. Quando, pois, esta última surge, a divisão inter-regional instituída como uma divisão territorial de trabalho e de trocas se explicita como estrutura acumulativa e focada na polaridade. E São Paulo é o polo.

A integração desigual

A ação estrutural do Estado é aqui essencial. Primeiro como veículo de transferências financeiras entre os lugares plantacionistas. Segundo, como agenciador de infraestrutura a serviço dessa transferência. E terceiro, como instância de decisão da escolha do lugar de polaridade. A acumulação desigual tem origem na fase da acumulação primitiva, com a ajuda das mãos generosas do Estado. Primeiro com a política de ágios que transfere os lucros regionais para a acumulação paulista. Segundo com a convergência da infraestrutura para a continuidade estrutural dessa transferência. E terceiro com a eleição de São Paulo como centro da concentração qualitativa.

Já se pode perceber esse movimento no âmbito do federalismo monárquico. E mais ainda do federalismo republicano. Num e noutro momento, o Estado tudo orienta para o lugar de economia mais dinâmica. Daí o rumo dos planos de valorização do café.

No período áureo do plantacionismo há, num certo sentido, uma relação das áreas que se impõem às outras num papel de área central. Foi assim com a área canavieira da zona da mata nordestina ao longo dos séculos XVI e XVII. E com a zona de mineração do planalto central no correr do século XVIII. E foi assim ainda com a área cafeeira no século XIX. Mas é uma relação de transferência de meios, não de sobretrabalho, a área em crise e decadência transferindo capitais e força de trabalho para a área em expansão e ascendência, a primeira perdendo a principalidade que tem e entrando num estado de dissolução e isolamento e a segunda ganhando assunção e incorporamento, vinculando à sua acumulação parte do excedente acumulado como capital vivo e morto das outras (Castro, 1980). Foi assim na relação das áreas dos ciclos umas com as outras, uma servindo de plataforma de subida da outra. Mas a nova área-centro é, aí, um ponto de referência, não um polo de centralização e captura do fluxo de excedente das outras. Essa relação surge somente com o desenvolvimento industrial pós-anos 1950. A indústria é aqui um polo de centralidade e comando. E transferidora de excedentes de outras áreas para a sua. O Estado é o catalisador dessa transferência, com a linha de sua política de infraestrutura de meios de transferência (Becker, 1982).

É o que acontece quando do surgimento nos anos 1960 dos ramos de bens de capitais, bens intermediários e bens de consumo duráveis. O Estado privilegia pela forma como monta a infraestrutura de energia e circulação a centralidade paulistana, depois de privilegiar a burguesia cafeeira com a política de ágios do plano de valorização do café.

Mas é uma mediação que se prende à estrutura existente. O Estado intervém na medida do ordenamento de espaço que lhe propicia a marcha da acumulação primitiva. E a base de referência é a divisão territorial do trabalho entre a agricultura e a indústria desenvolvida nos três contextos regionais em que a acumulação primitiva se deu, praticamente inexistente na Amazônia, precária no Nordeste e efetivamente constituída no Centro-Sul. O resultado é a possibilidade territorial desigual das indústrias regional-regionais frente aos recortes de divisão de trabalho respectivos que têm à base, propiciando ao Estado privilegiar São Paulo, o centro de referência econômica do pacto federalista.

Até os anos 1950 o Brasil é no conjunto uma combinação de indústrias regionais, permeada pela presença de algumas já com características de indústrias nacionais. As primeiras são decorrência de sua ligação com os recursos e mercados locais. As segundas, quase todas localizadas no Rio de Janeiro e São Paulo, da sua ligação com matérias-primas e meios de subsistência, capitais e mercado de consumo locais e importados de outros estados, e assim transcendentes dos planos de escala daquelas. O estabelecimento da divisão territorial do trabalho e das trocas entre a agricultura e a indústria – que estrutura e transforma o espaço molecular num arranjo de mercado para os produtos industriais – cria a retaguarda que dá o impulso desigual ao parque industrial existente, valorizando e reforçando o desenvolvimento de indústrias nacionais ali, onde a retaguarda se mostra favorável, frente às indústrias regional-regionais, que, no geral, diante do melhor preparo técnico e de capitais daquelas, mostram ter uma capacidade de competição menor, perdem para elas seus próprios mercados, e aos poucos definham e fenecem. De modo que é a indústria nacional, uma indústria territorialmente concentrada no Sudeste, que assim como tal se consolida, se impondo nacionalmente com a ajuda e infraestrutura do Estado. Com a substituição das indústrias regionais e a presença hegemônica das indústrias nacionais, institui-se o espaço monopolista. Monopolismo de capitais, de mercado, de força de trabalho, de relações de espaço.

O Estado se incumbe assim de organizar a passagem da fase molecular para a monopolista, aqui instalando a infraestrutura necessária e ali criando novos nichos de mercado para a indústria. Estrategicamente, para isso cria núcleos de indústrias de base (cujo exemplo conspícuo é o complexo urbano-industrial formado pela Companhia Siderúrgica Nacional e a cidade de Volta Redonda), aproveitando para com eles atualizar os termos disciplinares da sociedade do trabalho, de modo a afeiçoar a classe trabalhadora fabril agora ao modelo de trabalho do capitalismo avançado.

Dois momentos de tempo podem ser aqui distinguidos. Um primeiro, em que a indústria já é uma realidade nacional regionalmente concentrada, polarizada e diferenciada, mas quando é ainda um dado estrutural da economia de todas as regiões brasileiras. E um segundo momento, em que os ramos tradicionais secam amplamente na maioria das regiões hegemonizadas, destas restando quase tão-somente as indústrias nacionais do Sudeste. O primeiro é o da concentração quantitativa. O segundo, de concentração qualitativa.

Em 1960 os cinco maiores ramos industriais, vistos por referência ao volume de mão de obra que empregam, são ainda, respectivamente, os ramos têxtil, alimentar, metalúrgico, minerais não metálicos e material de transportes. Quanto ao valor da produção industrial, são eles o alimentar, químico (inclusive óleos vegetais), têxtil, metalúrgico, material de transporte e material elétrico e de comunicações, mostrando um entremeio de indústrias têxtil e alimentar e indústrias emergentes. Vê-se que por um critério ou por outro, os ramos tradicionais são ainda dominantes na estrutura industrial brasileira, fato que se deve à presença ainda forte dessas indústrias na estrutura de todas as economias regionais, incluída a região Sudeste. No final dessa mesma década a presença daquelas primeiras cai vertiginosamente na estrutura industrial brasileira, indicando a rápida desaparição física ou a perda de significação do fenômeno industrial nas demais regiões. Dá-se nelas uma espécie de agrarização por desindustrialização, o contrário ocorrendo na região Sudeste, num enorme desequilíbrio do conjunto (Oliveira, 1977a; Davidovich, 1974).

A reaglutinação agroindustrial

A década de 1970 vai encontrar a indústria demasiadamente concentrada num polo. E ao mesmo tempo a agricultura em franca marcha de disseminação. A indústria perde ritmo no momento que a agricultura o acelera. Por conta dessa concentração da indústria, a população também se concentra nas cidades do Sudeste.

A barca da arrumação do espaço mostra-se assim mal equilibrada em seus movimentos de conjunto. E o problema da taxa e do ritmo da acumulação aparece. Esse é um contraste que se precisa resolver. E a solução vem na forma da desconcentração geral das indústrias, ao mesmo tempo em que na de modernização e disseminação da agricultura, num inesperado desdobramento em que a indústria acaba se aproximando da terra e se encontrando com a agricultura no miolo do espaço nacional.

A reintegralização do espaço

Em 1970 a concentração do parque industrial brasileiro chegara a 80,8% na região Sudeste (58,1% só em São Paulo), considerado o valor da produção, as demais regiões repartindo entre si os 19,2% restantes: Sul 12,0%, Nordeste 5,7%, Centro-Oeste 0,8% e Norte 0,8%, num contraste com os 44% que essas outras regiões entre si repartiam em 1907. Em São Paulo se reúne praticamente todo o setor de bens de capitais, bens de equipamentos, bens intermediários e bens de consumo durável, e o grosso do setor de consumo não durável. Além de parcela fundamental da produção alimentícia e de matérias-primas agropastoris industriais.

Em concomitância, essa concentração industrial atinge seu grau de saturação. E este força a concentração a se reduzir. De 58% a concentração nacional da indústria cai para 48% no estado de São Paulo e de 44% para 26% na região metropolitana, considerado o valor de produção. Os beneficiados são os demais estados do Sudeste: o estado de Minas Gerais sobe sua participação nacional de 6,5% para 9,4% e o estado do Espírito Santo, de 0,5% para 1,2%, a exceção vindo por parte do estado do Rio de Janeiro, cujo peso cai de 15,7% para 8,0%, no mesmo período. Mas a redistribuição beneficia também os estados das demais regiões: o Nordeste aumenta seu peso de 5,7% para 8,4%; o Sul, de 12,0% para 20,2% e o Centro-Oeste, de 0,8% para 1,7%. Muda o peso relativo da participação industrial dos estados dentro do país. E da região Sudeste. O rearranjo é, assim, intrapaulistano, intrassudestino e inter-regional. Todavia, é seletivo quanto à redistribuição territorial dos ramos. As indústrias de bens intermediários se redistribuem para ir se localizar na forma de polos minero-industriais nos limites do arco periférico do espaço brasileiro, nas pontas extremas da rede dos meios de transferência (transportes, comunicação e energia), onde vão reforçar a linha da fronteira agrícola e energética aí localizada desde os anos 1960. Ao longo do arco um pontilhado de polos minero-industriais diferenciados vai assim se formando: petroquímico em Canoas-Triunfo, no Rio Grande do Sul; carboquímico, em Santa Catarina; nióbio e fertilizantes em Catalão, Goiás; estanífero (apenas a mineração), em Rondônia; siderúrgico e de alumina-alumínio, em Carajás, no Pará, e em Itaqui-São Luís, no Maranhão; químico (sal/álcalis), no Rio Grande do Norte; fertilizantes, no Sergipe; sal-gema, em Alagoas; petroquímico em Camaçari, na Bahia; papel e celulose (Aracruz), no Espírito Santo. Todos conjuminados a polos energéticos, em Itaipu, Itumbiara, São Simão, Tucuruí e Xingu.

Ao mesmo tempo, a região Sudeste emagrece seu parque para concentrar-se sobretudo nos ramos de bens de capital (tendo por núcleo as indústrias metalúrgica, mecânica, material elétrico, eletrônica e química) e de consumo durável, numa especialização produtiva que logo se generaliza por todo o Centro-Sul e no conjunto se transforma no amplo leque de cidades que une de Belo Horizonte a Porto Alegre, com polos nucleados em Campinas, São Carlos, São José dos Campos, no estado de São Paulo; Santa Rita de Sapucaí, Pouso Alegre e Belo Horizonte, em Minas Gerais; Curitiba e São José dos Pinhais, no Paraná; Florianópolis, em Santa Catarina, e Porto Alegre e Caxias do Sul, no Rio Grande do Sul (Diniz, 2002).

A agroindústria segue num sentido contrário. Sai do Centro-Sul para concentrar-se no Centro, impulsionada pela disputa de espaço que se estabelece entre a cultura do trigo e da soja no Rio Grande do Sul nos anos 1940-1950, e as leva a incorporarem-se aos núcleos coloniais que se deslocam para a bacia do Paraná nos anos 1950-1960, região de Dourados no Mato Grosso do Sul nos anos 1960, áreas novas do planalto central nos anos 1970-1980 para deslanchar na forma da monocultura da soja alternada ou simultânea à da cana, do trigo e do arroz nos anos 1980-1990. É quando, então, a soja se casa à criação de aves e através desta, à cultura do milho, num consórcio soja-ração-carne que transforma nos anos 1980-1990 os então pequenos e médios núcleos urbanos do miolo espacial nacional em grandes polos de agroindústria (Brum, 1988; Silva, 2003).

O Nordeste, por sua vez, torna-se um centro de polos de bens intermediários, bens de consumo e agroindústria frutífera que para ele se transferem ou nele se instalam ao lado das velhas áreas algodoeiro-pastoris e de usinas de açúcar. A nova fase começa com a instalação do polo químico de fertilizantes no Sergipe, do sal-gema (soda cáustica) em Alagoas, petroquímico de Camaçari na Bahia e de celulose e papel no Maranhão (Imperatriz) e na Bahia (Mucuri). A região como que se reindustrializa com esse setor. Assim, na Bahia o valor da produção industrial sobe de 12% para quase 30% do PIB estadual entre 1960 e 1990; no Maranhão, de 14,3% para 21,8%, entre 1980 e 1987. E, mais ainda, com a chegada das indústrias de bens não duráveis vindas do Centro-Sul. O leque amplia-se com a instalação da nova agroindústria à base da fruticultura irrigada nos vales do médio-baixo São Francisco, em Petrolina e Juazeiro, na fronteira de Pernambuco e Bahia, baixos Açu e Apodi, no Rio Grande do Norte, e baixo Jaguaribe, no Ceará, implantada a partir dos anos 1970, além do polo de grãos, instalado no oeste da Bahia e sul do Piauí nos anos 1980 a partir da expansão da soja, do milho, arroz e feijão (Andrade, 1973; Costa, 1997; Elias, 2006).

A Amazônia, por fim, se transforma numa fronteira ao mesmo tempo agrícola, mineral e energética. Adormecida desde os fins do ciclo da borracha, recebe uma profusão de ramos de atividade que nela se instalam a partir dos anos 1960. Primeiro no arco de interseção com o Centro-Oeste, com maior concentração na porção oriental, em função da rodovia Belém-Brasília (Valverde, 1967). Depois, no seu próprio âmbito florestal, derruba para dar lugar nos anos 1970 a pastos implantados por capitais vindos do Sudeste para instalação de grandes fazendas de gado (Becker, 1991 e 2004; Gonçalves, 2003). É quando chegam os polos minero-industriais e energéticos, trazidos pelos novos eixos de circulação. O desenvolvimento da engenharia genética e da tecnologia de manipulação do DNA, por fim, acrescenta-lhe o aspecto mais recente, de fronteira bio(tecno)lógica do planeta.

A inversão waibeliana

Mas é a modernização da agricultura, em ritmo de aceleração maior que o da indústria, o eixo norteador dessa rearrumação geral do espaço brasileiro, trazendo seu centro de gravidade e a própria indústria para a ocupação do miolo, numa inversão da relação clássica analisada por Waibel.

Já no período entre os anos 1950 e 1970, em face da valorização do preço da terra nas áreas de lavoura e pecuária do espaço molecular, dá-se um começo de modernização, dissolvendo os últimos resíduos da economia agromercantil exportadora. Os sistemas de cultivo adotam novas técnicas, o campesinato dominial mantido como exército de reserva dentro da grande fazenda é transformado num trabalhador volante e amplia-se o setor da agricultura de mercado.

Nos anos 1980 essa modernização pula para o miolo, deslocando-se para as áreas dos cerrados do planalto central. A densa rede de meios de transferência que desde os anos 1940 se implanta para interligar aos grandes mercados urbano-industriais do Sudeste as áreas distantes do território nacional na fase do espaço molecular e que se irradia para o planalto central com a transferência em 1961 da capital para Brasília é a base dessa reorientação que desemboca na ocupação do miolo do país. Em todos os cantos quebra-se a correlação histórica do uso do espaço, convertendo-se o cerrado em área de lavoura e a mata costeira em área de pecuária, invertendo o padrão de arranjo instaurado pela Colônia e criticado por Waibel nos anos 1940.

Já na diversificação do arranjo do espaço molecular dos anos 1950 um ensaio de salto da lavoura para o miolo do país se dá com a ocupação das manchas de terra roxa do Mato Grosso e Goiás. Mas está reservada para a década de 1960 a data do salto para o cerrado do miolo, à base da ocupação intensiva e em larga escala, para aí deslocando a fronteira agrícola em marcha acelerada que logo chega à fronteira da mata amazônica. E nos termos de uma estranha consorciação de monoculturas, em que a ocupação da área se dá numa alternância que envolve em cadeia desmatamento-arroz-pasto-gado-soja, com as mesmas características de itinerância vistas para a cana e o café na faixa da mata atlântica. Assim, o arroz vai à frente, derruba a mata, preparando, numa sucessão de safras feitas com apoio na calagem e aplicação de adubos químicos, o solo para a entrada do pasto e a criação da pecuária bovina, que, ao fim, é sucedida pela soja, reiniciando-se o ciclo mais à frente. De início esse é um ritual que ocorre nas áreas do cerrado, à base da consorciação arroz-pasto-gado-soja, mas logo chega à fronteira amazônica, num desmatamento generalizado, com centro na consorciação madeira-arroz-pasto-gado-soja. E nesse trânsito realiza a passagem da regência da renda diferencial I para a renda diferencial II, mercê um intenso uso tecnológico do solo consorciado ao desenvolvimento da rede de meios de transmissão.

Três componentes espaciais formam então a logística dessa mudança: a fronteira em movimento, o crescimento demográfico contínuo e o surgimento do ramo da indústria para a agricultura.

A fronteira em movimento é historicamente uma componente estrutural do binômio monocultura-policultura no sistema plantacionista. Dos anos 1930 a 1960 é o eixo através do qual as tensões fundiárias da modernização das áreas de lavoura e pecuária do espaço molecular são atenuadas. E a partir dos anos 1970 é a fronteira o eixo pelo qual a indústria e a agricultura convergem para a agroindústria. Esta, por sua vez, é convertida no centro de gravidade econômica do país, sendo organizada à base de grandes fluxos de capitais e força de trabalho vindos e indo para todas as áreas (mapa 6).

MAPA 6: MOBILIDADE DO TRABALHO E DO CAPITAL

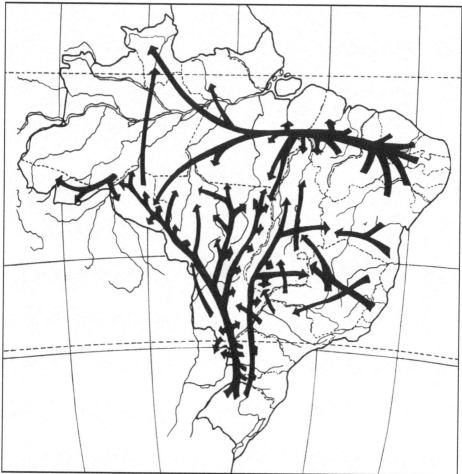

Fonte: Oliveira, A. U. *Geografia do Brasil*, 1996. [O título do mapa foi adaptado.]

O seu segredo é a combinação do aumento simultâneo da extensão de área ocupada e do número de estabelecimentos. Assim, entre 1920 e 1980, o tamanho do território agrícola passa de um total de 175 milhões para 264 milhões de hectares e o número de estabelecimentos, de 648 mil para 5 milhões, com aumento tanto do número da grande e da pequena quanto do tamanho médio das propriedades em cada decênio.

A modernização agrícola e a emergência do complexo agroindustrial vão ter, assim, na fronteira em expansão seu ponto de apoio. A agroindústria, seja a sucroalcooleira, seja a da cadeia soja-carne, pode se multiplicar e ampliar sua planta continuamente precisamente pela disponibilidade de terras com que conta.

O ritmo do crescimento da população rural – um dado sempre correlacionado à fronteira em movimento – é uma segunda variável. E seu ponto de inflexão, aliado ao crescimento da população urbana, é também a década de 1940, período da segunda fase da fronteira em movimento ainda nas áreas do espaço molecular. Entre 1890 e 1980, a população rural e a população urbana aumentam sempre e a forte ritmo, embora em números relativos de sinais inversos. A população brasileira aumenta de 14 milhões para 119 milhões nesse período. A população rural cresce em números absolutos de 13 milhões para 38,5 milhões, um volume alto que se esconde por trás da aparência da queda relativa de 90% para 32%. E a urbana, de 1,5 milhão para 80 milhões, numa subida de 10% para 68% do total da população brasileira.

Com isso, ao tempo que experimenta a acentuação expansiva do movimento da marcha da fronteira agrícola, a sociedade brasileira conhece a aceleração do ritmo do crescimento absoluto geral e urbano-rural da sua população, correlação necessária a que o chão alargado encontre a população que o ocupe, a expansão agrícola encontre a força de trabalho que demanda e a policultura familiar, o espaço para se reconstituir. Aspecto dos mais significativos, embora caia continuamente em porcentagem, o campo sempre mantém sua população absoluta e garante com a continuidade do seu crescimento o fluxo contínuo de transferência de força de trabalho que a cidade reclama. Embora caia em termos relativos, em número absoluto tem ele em 1980 o mesmo tamanho da população total do país em 1940. E três vezes mais que o dele mesmo.

O setor de indústria para a agricultura é, por fim, a terceira variável. De forma inusitada, é um elemento que emerge e se irradia também de modo contínuo a partir de 1980, por dentro e junto com o restante do movimento expansivo, seja da fronteira e seja da população, alimentando esse movimento e dele se alimentando retroativamente.

Entre 1960 e 1970 o número de estabelecimentos rurais que usam o adubo orgânico aumenta de 1.021 para 2.524, subindo para 6.931 em 1975, enquanto o de estabelecimentos que passam ao uso de adubo químico de origem industrial aumenta de 60 para 6.093, subindo para 36.555 nos mesmos anos. O mesmo se dá com o emprego de tratores, que aumenta de 61.338 para 165.870 entre 1960 e 1970, subindo para 323.113 em 1975. E ainda com o uso de defensivos agrícolas: seu índice de consumo aumenta de 22,4 mil toneladas para 39,5 mil entre 1965 e 1970, subindo para 78,5 mil em 1975. E, tomando-se 1965 como índice 100, aumenta de 176 em 1970 para 336 em 1975. São números em rápida progressão espacial.

UM CONTRAESPAÇO NA SOCIEDADE DO TRABALHO: O COMPLEXO CSN-VR

A fusão da indústria e da agricultura, deslocando a indústria para a relação com a terra e com isso a base da forma-valor, de novo reorienta e refaz os termos da sociedade do trabalho. E põe em crise a forma essencialmente industrial e urbana com que esta surgira no binômio fábrica-vila na virada do século XIX-XX e depois fora reestruturada nos anos 1940-1950 pelo Estado.

O operariado industrial indiretamente percebe a rearrumação dos arranjos e da simbologia do mundo do trabalho que então vai se dando dentro do sistema urbano e industrial, manifestando o efeito desse deslocamento para uma base urbano-rural sobretudo ali onde já de algum tempo desapareça a relação de correspondência entre o mundo do trabalho e a sociedade industrial. É o caso do complexo Companhia Siderúrgica Nacional-Volta Redonda (CSN-VR), onde essa relação fora atravessada por uma presença do Estado que praticamente desfizera a matriz fábrica-vila operária, pondo-se no meio ao mesmo tempo como sujeito e objeto.

Criado nos anos 1940 o complexo CSN-VR é um exemplo típico do binômio fábrica-vila modelado por uma instância externa à fábrica e à vila operária. O sujeito aqui é o Estado. E o binômio fábrica-vila, a base da projeção de uma sociedade construída na ideologia do progresso nacional. Construção do Estado, o complexo CSN-VR surge e se instala embaixo desse imaginário.

A imagem da sociedade do trabalho é levada a confundir-se assim com a desse Estado-construtor, não com a indústria ou o operariado industrial, estes vistos como a força do erguimento do grande projeto de Estado-nação. A fábrica-vila é o seu meio. E no lugar da vila, é o canteiro de obras a matriz formadora do operariado.

Se no binômio fábrica-vila o industrial vê a vila vendo a fábrica, no complexo CSN-VR o Estado vê o arranjo do espaço vendo a nação moderna, a força do visual da usina projetando a força da nação erguida das entranhas do plantacionismo pela cultura urbana e industrial da sociedade do trabalho. A usina é levantada no centro da cidade. O seu enorme corpo, uma gigantesca planta industrial integrada, centraliza e domina o visual do todo, dando os traços fisionômicos de um complexo urbano que nasce com suas raízes fincadas. O modelo é *company-town* importado dos Estados Unidos.

É esse caráter de um espaço disciplinar o que, no limite, decide sobre a localização do complexo em Volta Redonda. Diversos foram os lugares cogitados preliminarmente para ser a localização da usina, antes de decidir-se por Volta Redonda: Vitória, no Espírito Santo, Santa Cruz, no litoral do Estado do Rio de Janeiro, e Antonina, no Paraná, foram os principais deles (Wirth, 1973). Vitória tinha a vantagem de permitir relacionar-se exportação do minério de ferro e importação do carvão coqueificável, usando-se a ferrovia Vitória-Minas e a infraestrutura do porto como meio de transporte. Antonina, a vantagem dos campos de minério ainda não explorados. E Santa Cruz, a proximidade do mar, da ferrovia da Central do Brasil e dos mercados de consumo do Rio de Janeiro e de São Paulo. Todas são opções exigentes em pesados investimentos para a implementação do projeto. Todavia, Vitória e Santa Cruz são localizações litorâneas, isto constituindo para os militares desvantagens, ao lado das suas vantagens. Volta Redonda não tem a vantagem da localização litorânea, mas compensa-a por estar em local protegido de ações navais, fator a ser considerado numa conjuntura de guerra. Formalmente, pesa a favor de Volta Redonda estar protegida pela serra do Mar contra incursões militares vindas do oceano.

Atravessado por intensas disputas de linhas de projeto nacional, o problema da determinação da localização alimenta-se das limitações do país em dois requisitos básicos: capital e matéria-prima do coque. Os primeiros balanços feitos no correr dos anos 1930 mostram um país bem servido de minérios e de mercado interno para o aço, além de um razoável serviço ferroviário, mas carente em carvão metalúrgico e sobretudo de capitais. Dois quesitos que o põe num estado de dependência em relação ao apoio estrangeiro. E esta é uma situação grave ao ver dos militares, que olhando a política do aço como uma base de política industrial e uma razão de autonomia bélica não admitem desconsiderar a conjuntura mundial vigente. Sucede que a carência de capital é o problema principal, praticamente sem saída em nível interno, e que de algum modo terá que vincular-se a soluções de caráter internacional. O carvão nacional, de Santa Catarina, apresenta elevado teor de cinza e enxofre, não se revela econômico e adaptável ao emprego em altos-fornos, alimentado a coque metalúrgico, o que torna o problema da matéria-prima também um assunto insolúvel dentro das fronteiras nacionais. Adicionalmente, há o problema dos transportes, uma vez que o sistema existente encontra-se sobrecarregado e em estado precário, justamente na área de concentração do mercado do aço, o eixo Rio-São Paulo.

No correr dos anos 1930, é a questão do carvão que toma as atenções, mais que qualquer outra. O problema de implantação de uma siderurgia ainda é visto como uma política de coque-aço. E isto é o que faz a linha pender para uma equação regional, envolvendo a política de exportação do ferro, valorizado internacionalmente pela ocorrência da guerra, como base de sustentação do projeto. Recurso abundante em Minas Gerais, e fortemente vinculado aos interesses do grupo Farquhar, antes envolvido com a Guerra do Contestado, sua exportação resolveria o problema do carvão coqueificável importado, e a localização em Vitória também seria assunto resolvido. A resposta para o projeto teria assim uma solução do tipo privatista e regional, suportada em recursos trazidos de fora. É o plano Farquhar. Haveria, entretanto, que ampliar-se a capacidade de escoamento da ferrovia Vitória-Minas, o que converte a política do aço também numa política de ferrovia e aumenta a dependência dos capitais externos. O plano não agrada à elite militar, além dos próprios interesses regionais dos mineiros e demais produtores de aço espalhados pelo país, baseados no consumo da sucata.

O impasse se arrasta sem saída, quando no final da década de 1930 uma reversão altera esse quadro adverso. Atendendo a uma conjunção de interesses públicos do governo Vargas e privados do empresariado e governo norte-americanos a U. S. Steel realiza em 1939 uma pesquisa que reavalia positivamente a qualidade siderúrgica do carvão brasileiro e constata que um adequado reaparelhamento pode resolver o problema ferroviário. Isso permite dissociar a solução da usina da exportação do minério de ferro. E pôr a questão da localização em termos nacionais.

Resta o problema financeiro. E este é resolvido de um modo também inesperado. Novos estudos constatam que o Brasil tem meios próprios através do recurso das autarquias (caixas e instituições de previdência social), além de que o governo norte-americano se prontifica a fornecer empréstimos (Vargas ameaça negociar a política do aço com os alemães) através do Eximbank (Export Import Bank of Washington).

A década de 1940 presencia, pois, o encontro da solução do problema da implantação da siderurgia e, a ela interligada, o dos minérios e do capital. Pode-se, portanto, partir para uma nova política industrial. A equação: l) empréstimo norte-americano do Eximbank, secundado por recursos internos vindos da Caixa Econômica e dos Institutos de Aposentadoria e Pensões, num montante assim repartido: Eximbank, 44%; Caixa, 44%; Previdência, 5%; Governo Federal, os restantes 7% (os recursos internos cobrem assim 51%, porém mais tarde o Eximbank amplia sua participação); 2) carvão nacional misturado com importado; 3) estatização da usina e dos minérios; 4) reequipamento da Estrada de Ferro Central do Brasil.

A solução contempla as preocupações dos militares. E estes podem agora decidir sobre a localização da usina na perspectiva da fórmula nacional e estatal por eles insistentemente preconizada. A pesquisa da U.S. Steel, que os militares em grande parte endossam, aponta para Santa Cruz, no litoral do estado do Rio de Janeiro. Pesam para isso suas excelentes condições.

Esta não é, entretanto, a solução seguida pelos militares. Duas são as razões: o descarte da vulnerabilidade de um local marítimo numa época de guerra e a opção por um local cujas feições topográficas favorecessem o controle dos trabalhadores e à base do trabalhismo a modelagem de uma sociedade de nova era. Por essas duas razões Volta Redonda é, assim, o local escolhido.

Antiga área cafeeira e ponto de parada da ferrovia Central do Brasil para troca de água, Volta Redonda localiza-se à retaguarda da serra do Mar, interiorizada, pois, no fundo do vale do rio Paraíba do Sul e fora do alcance da artilharia naval, e reúne a esta vantagem militar todas as qualidades de Santa Cruz do ponto de vista da abundância de água, facilidade de transportes e igual proximidade dos mercados do Rio de Janeiro e São Paulo. Mas, sobretudo, é uma área propícia à criação de um espaço simbolicamente novo. E é este o motivo essencial da escolha.

Pode-se, agora, combinar o problema da localização e o da constituição do espaço disciplinar, destinado a fazer do complexo csn-vr um modelo nacional de referência de uma sociedade do trabalho de nova era.

O fato é que a usina supõe operários com uma cultura disciplinar do trabalho fabril. E a estrutura da cidade deve ter uma configuração espacial que leve por seu arranjo essa classe trabalhadora a reproduzir a estrutura e normas de uma cultura de mundivisão espelhada na nação. Daí a cidade reproduzir na topografia do seu sítio a ordem social da usina. E daí a diversidade ao lado da seriação das residências dos espaços de serviço e lazer: hotéis, escolas, clubes desportivos, ambulatórios. Tal como na vila operária do começo do século. E tal como nela, a presença do cotidiano fabril se prolonga nos lazeres dos fins de semana, o dia a dia extrafábrica se haurindo nas normas e regras éticas do trabalho fabril. Macedo Soares, coronel-administrador da fábrica, assiste, pessoalmente, todos os domingos, os torneios de futebol no Recreio do Trabalhador. Tudo no intuito da ideologização do complexo como o espaço de uma "família siderúrgica".

Tendo se reunido na Volta Redonda embrionária, então, culturalmente um mundo rural de camponeses trazidos da antiga área cafeeira da zona da mata mineira e de jovens oficiais idealistas chegados ao poder com a revolução de 1930, se vêm todos reunidos agora como uma "família CSN". Uma experiência que, com variações de padrão, repetir-se-á em Canoas, no Rio Grande do Sul, em Cubatão, em São Paulo, Betim, em Minas Gerais, e Camaçari, na Bahia, no curso do tempo.

Na década de 1950, década da passagem de fases, da molecular para a monopolista, a usina e a cidade tomam grande impulso. E a família CSN conhece suas primeiras mudanças. A cidade aumenta em população e escala urbana. Novas indústrias e um concorrido setor terciário aparecem, atraídos pelo mercado criado pelo próprio complexo indústria-cidade. A população trabalhadora se diversifica. E um número crescente dela mora em outras cidades. A usina se remaneja e se modifica: em 1954 sua estrutura técnica e sua planta industrial se ampliam, aumentando com a instalação do alto-forno 2 e a capacidade de produção subindo para 300 mil toneladas/ano, com projeção de 1,4 mil toneladas para logo. E no mesmo ano a cidade se municipaliza, emancipada de Barra Mansa. Usina e cidade se transformam, por conseguinte. E a família fica ilhada dentro da realidade nova.

Uma mudança mais forte vem, entretanto, com o golpe militar de 1964, com grande impacto sobre essa relação, materializada em duas medidas, em particular a substituição do processo Siemens-Martin pelo do emprego do oxigênio na produção do aço, no plano técnico, e a substituição dos critérios habituais de promoção de cargos e salários dos operários pelos do taylorismo, no plano da regulação do trabalho. A primeira leva a um enxugamento dos quadros. E a segunda a uma estratificação dos trabalhadores. Ambas são baixadas sem que estes sejam consultados. Um feixe de fricções se instala, assim, nas relações internas do complexo, envolvendo a um só tempo a usina e a cidade.

Os trabalhadores requerem uma revisão. E uma tensa relação de negociações, atravessada por uma sequência de negaceios antes desconhecidos, tem lugar, se alongando pelo tempo entre a administração e os trabalhadores. Um impasse nunca visto. De modo que em maio de 1984 a cidade é despertada por um acontecimento para ela inusitado: a greve. É a primeira greve dos trabalhadores desde a criação da usina em 1941. Depois, vêm uma segunda, uma terceira, uma quarta... Em seis anos, de 1984 a 1990, são 12. É assim que um confronto de grandes proporções vai-se armando dentro do velho complexo CSN-VR. Até que eclode na forma de tragédia em 1988.

A grande diferença da fábrica-vila mostra-se agora no modelo do complexo CSN-VR. O embate do operariado opõe-se em confronto direto com o Estado. Além de que, sendo os trabalhadores a imagem espelhada da nação, desde a primeira, a greve da CSN é uma greve de ocupação do operariado e da cidade. O velho simbolismo da família, assim, se manifesta. Mas não é desse modo entendido pela administração. A sociedade CSN-VR do trabalho declara-se nitidamente em estado de divórcio.

A greve inicia-se pela manhã, com a troca de turnos. Os operários do turno das oito se antecipam à saída dos operários do turno findo e todos caminham para o pátio da SOM (Superintendência de Oficinas Mecânicas), uma ampla área situada entre os prédios da usina. Grupos de mobilização passam pelas seções, convocando os trabalhadores para a assembleia, a começar pela laminação e pela FEM (Fundações de Estruturas Metálicas), a sinteria, a coqueria, áreas de maior concentração de trabalhadores e estratégicas ao processamento da produção do aço. Por fim, faz-se a assembleia, reunindo no pátio da SOM os oito mil trabalhadores dos dois turnos. A cidade aguarda fora. Terminada a assembleia, os operários distribuem-se para ocupar os distintos setores da usina. Mas a notícia de chegada de tropas do Exército os leva a se concentrar no prédio da aciaria. Fazendo um enorme barulho batendo com as ferramentas nas partes metálicas das paredes e divisórias, mantêm a cidade informada e alerta do andamento do movimento (Veiga e Fonseca, 1990).

No terceiro dia da greve, Exército e Polícia Militar respondem à ocupação em diferentes atos. O Exército ocupa a usina. A Polícia, a cidade. A cidade se acerca da fábrica. Em repressões simultâneas, a Polícia procura dispersar a cidade e o Exército, os operários na aciaria. O saldo é simbólico. Muitos feridos na cidade. E três mortos na usina. A greve no complexo CSN-VR termina. E com ela o modelo de sociedade do trabalho urbana e oficialmente encarnada no Estado.

UM BALANÇO DOS FUNDAMENTOS

A constituição geográfica da sociedade brasileira nasce do processo de prévia disponibilização do espaço indígena estabelecido no correr dos três primeiros séculos da implantação colonial. Determinante por si mesma, é, todavia, através da forma como ela se dá e de como a lei das sesmarias amarra o seu arranjo que a disponibilização espacial age como o substrato das leis e do modo como a sociedade e o espaço desde o começo se entrelaçam.

Este modo de arranjo é, pois, a matriz formadora. A estrutura que surge da disponibilização do espaço indígena. E a estrutura que rege seu andamento em todo momento, numa relação de determinado-determinante. Egresso dessa combinação da disponibilização do espaço e de sua normatização pela lei das sesmarias, o modo do arranjo se modeliza e intervém a partir da forma como se entrelaçam terra, território e Estado. De modo que é essa relação de vinculação à lei espacial geral que está na base de todas as regras regentes da relação sociedade-espaço. A lei que vem do modo do arranjo e que age por intermédio dele.

A BASE DA BASE:
A RELAÇÃO TERRA-TERRITÓRIO-ESTADO

A lei das sesmarias é a norma que ordena o espaço disponibilizado com base na grande fazenda de lavoura e fazenda de gado, a fazenda de lavoura arrumando o espaço dos vales e patamares encobertos pela mata atlântica na fachada do litoral e a fazenda de gado nas áreas planas e de vales amplos encobertos pela vegetação aberta na hinterlândia. É por conta dessa lei que durante todo o correr do tempo a fazenda centra as relações globais do espaço brasileiro, hierarquiza e institui, embaixo de suas necessidades de reprodução da fazenda de gado à policultura de subsistência, a sociedade brasileira como uma sociedade agrária. E, mesmo quando a centralidade do ordenamento espacial passa para a fábrica, é ainda a norma de arranjo emanada da lei sesmarial a regra da organização que determina, dada a presença-chave estrutural do monopolismo fundiário.

No século XVIII, por um breve mas significativo momento, essa centralidade e caráter do conteúdo agrário são quebrados pelo urbano da sociedade instituída pelo ciclo da mineração. Uma cultura e mundivisão centradas na cidade aí surgem e se desenvolvem, ensejando um desejo de civilização urbana que logo se vê obnubilado pela própria brevidade do ciclo e o retorno da centralidade plantacionista. Volta-se à base de caráter agrário. E à amalgamação da sociedade brasileira pelo simbolismo e normas de organização da fazenda de lavoura.

Sucede que é a cidade o espelho cultural da fazenda. O plantacionista é um dominante com os pés fincados na terra e a cabeça no cosmopolitismo que entra na colônia pela janela da cidade, numa mesclagem cultural e econômica do rural e do urbano.

Com o advento da indústria, é um misto de rural e urbano o que surge, com a cidade não mais como espelho, mas como elo de formação. Assim, ao tempo que materializa o anseio urbano do ciclo mineiro, junto a indústria incorpora também a sociabilidade rural da fazenda no perfil do seu conteúdo, institucionalizando agora a cidade no anterior cosmopolitismo citadino da fazenda.

É a lei espacial do vínculo terra-território-Estado a raiz dessa reafirmação, enquanto fonte impregnadora da visão dominante da sociedade brasileira como um todo de conteúdo simultaneamente rural e urbano. O fato é que rural e urbano lhe são transistóricos, o rural sempre ruralizando o urbano e o urbano urbanizando o rural, desde o começo, um se desenvolvendo na medida do desenvolvimento do outro. Na virada do engenho para a usina no contexto nordestino, são os capitais urbanos que migram para refundar a agroindústria. O urbano moderniza o rural, mas de um modo que também se ruraliza, usina e canavial formando um híbrido em que a usina faz do arranjo do espaço um núcleo urbano (urbaniza o morador, urbaniza o dominante, urbaniza as técnicas agrícolas, urbaniza as interações do espaço), ao tempo que se ruraliza em meio a um oceano de canas. Na zona cacaueira do sul baiano e no planalto cafeeiro paulista é inverso o caminho. Absenteísta, o grande fazendeiro leva seu capital para investir na cidade, urbaniza seu capital rural, e ruraliza com sua presença a cidade. E no planalto central de nossos dias, a cidade é a sede da agroindústria, leva suas relações para o âmbito do trabalho agrário, ao tempo que se cerca de um oceano de soja, pastagens de gado, plantio de milho e uma multiplicidade de granjas.

Desde a Colônia, fazenda e cidade se contraditam e se juntam. A Câmara Municipal, órgão urbano, é o elo. Ente do espaço por onde a elite plantacionista costuma costurar seus elos com o todo, sejam os elos de reprodução com as outras macroformas, sejam os que a envolvem em suas relações de senhorio com a Coroa e seus prepostos, a cidade é o espelho. E vice-versa. É a cidade que se insinua no mobiliário e gestos culturais da fazenda, do mesmo modo que é a fazenda que invade a cidade com sua vida e interesses cotidianos. O elo cosmopolita as une ao mundo urbanocêntrico da Europa.

Quando nasce projetada entre a fazenda e a cidade, em seu trânsito constitutivo entre o rural e o urbano, a indústria traz em si embutido esse fato de hibridismo cosmopolita. A cidade encarna a impessoalidade das relações de mercado, e a autoridade plenipotenciária é a marca congênita da fazenda. A indústria junta as duas. Se aos poucos vai se desligando desses parâmetros genéticos, à medida que se autonomiza e se sobrepõe seja à fazenda e seja à cidade, a indústria guarda, entretanto, em sua forma pós-molecular o traço senhorial e o impessoal do berço. O contraste entre a alta escala de concentração de capital e territorial que ela logo adquire e o volume de emprego e renda que continua um apanágio da pequena indústria faz o papel de equivalência do contraste entre a concentração de capital e terra com que já nasce a fazenda monocultora e o volume de emprego e renda que é uma propriedade da policultura. E é esse conteúdo dos levantes de contraespaço que se sucedem no campo e na cidade no longo do tempo.

Se os contraespaços comunitários vêm a braços com um contraespaço rural de poder centralmente urbano, não é de natureza menos senhorial o quadro de mando com que têm que se haver os contraespaços urbanos. A concentração monopolista e a cultura de mando são as mesmas com que se defrontam uns e outros. E por trás delas, o mesmo aparato de Estado.

Se fazenda e cidade, rural e urbano, indústria e agricultura, seus respectivos espaço e contraespaço movem-se na mesma peculiaridade de fatos de economia e de política é porque rege-as a mesma lógica de arranjo orgânico. E esse é o elo que se estabelece de interação e desdobramento na relação estrutural entre terra, território e Estado nascida da disponibilização colonial do espaço.

O fato é que a lei de terras e a lei de território nascem e evoluem juntas. Como regras normatizadoras de uso dos elementos liberados com a disponibilização do espaço indígena. E na consonância com a lei indígena. Três leis que nascem e se exercitam como política normativa de Estado, ao mesmo tempo da fazenda e da cidade. A fazenda definida como célula-mater. A cidade, como ente de mediação política e de conquista. E o Estado, como suporte e retaguarda de tudo. E que se passam para a base da sociedade informada na indústria.

Não por outra razão a cidade é definida na República como sede de município. E é do mando sobre o município, reafirmado através do mando sobre a cidade em seu elo logístico com a fazenda, que o grande fazendeiro de lavoura e de gado, de cujas raízes emerge o industrial e a indústria, extrai sua presença política de mando sobre o Estado. É por meio do controle político do município que o vínculo terra-território-Estado institui-se e é mantido como a lei espacial estruturante por excelência da relação sociedade-espaço brasileira no tempo.

O poder sobre o município é, todavia, o viés de arranjo de espaço dessa lei. Com a propriedade de deste fazer a própria ossatura rural e urbana da organização geográfica do país. O domínio político do município é a base de referência. Mas é o monopólio da terra a fonte e o espelho. Significando 40% da propriedade dos estabelecimentos em mãos de apenas 1% dos proprietários, a classe fundiária rural é dona privada de metade do espaço brasileiro. E assim o monopólio se transfere do controle da terra para o controle do território – quem controla metade das terras controla o território –, e o controle deste se transfere por consequência para o controle do Estado. Quem controla metade das terras controla o território, e quem controla o território controla o Estado. Em suma, o município é o elo institucional que intermedia este fato, por decorrência pura e simples do modo pactual do federalismo.

É o poder municipal a base do pacto. Mesmo que necessite daí materializar-se num domínio do poder estadual enquanto instância do meio. Sendo a base de afirmação do poder estadual, a base política e a célula orgânica que lhe serve de sustentação, é do poder sobre a política do município que sai o controle estadual, amarrando-se assim toda a representação estrutural-nacional do parlamento. Ora, controla-se o município controlando-se sua capital. E vice-versa. Controla-se a cidade controlando-se o município. Por isso o pacto federativo cuida primeiro de definir cidade como sede de município, numa reiteração do preceito colonial. A cidade encarnando um híbrido. Está nesse arranjo a razão bicameral do parlamento. A Câmara Federal reúne os poderes municipais estruturados nos aparelhos do Estado. E o Senado Federal é a instância de representação dos estados. A estrutura territorial-fundiária sobrepõe-se à estrutura do parlamento. Em nome do pacto federativo.

A história política é a transposição dessa geografia política. Daí que, volta e meia convulsionada por conflitos seccionistas, cujo melhor exemplo é o período regencial, quando uma profusão de contraespaços nativistas tem lugar às vezes mesclados de contraespaço comunitários, como a Cabanagem, sempre é a unidade federativa que prevalece. E a fragmentação territorial não acontece. Tem sido essa também a história dos processos eletivos. São sempre chapas de composição rural-urbana – numa reafirmação do híbrido oligárquico em que, quando o candidato presidencial é de um estado industrializado do Sudeste, o vice é de um estado ruralizado do Nordeste ou do Sul, e vice-versa, os momentos de impasse encontrando uma solução pelo meio, com o estado de Minas Gerais sendo chamado a intervir – as da eleição ao governo central.

Versão da relação fazenda-cidade colonial, são esses arranjos de aliança urbano-regional eleitorais que sempre evitam, por antecipação, a perda do controle intraoligárquico das tensões interoligárquicas, a exemplo da Cabanagem na Independência e de Canudos e Contestado na República, numa espécie de fundamento espacial da geografia da dissolução dos conflitos. Um dado da história mundial (Moore, 1983).

UM BALANÇO DOS FUNDAMENTOS

Na Inglaterra, uma vez renovada a nobreza fundiária com o episódio das Cruzadas, a transição se faz numa imediata mercantilização da produção rural que em curto tempo desterritorializa-proletariza o campesinato, esvazia o campo e enriquece a cidade. Como resultado, há de um lado uma urbanização e industrialização generalizadas e de um outro a eclosão de uma diversidade de movimentos de contraespaço, cuja contrarrestação é a formação de aliança horizontal cidade-campo entre proprietários de fábrica e grandes fazendas, que os embates entre Malthus e Ricardo ao redor da teoria da renda diferencial e dos rendimentos decrescentes, bem como da oposição entre lucros e salários, expressam. E que se desdobra na instituição do Estado liberal inglês.

Na França, segue-se um caminho oposto. Hegemônica à base de uma intensa expropriação de renda fundiária a servos e impostos a comerciantes, a nobreza rural volta contra si mesma, a um só tempo, camponeses e burgueses, o que propicia uma aliança diagonal entre burguesia urbana e campesinato que vai estar na origem da atual estrutura verticalizada de Estado e na qual a malha municipal arrumada à base das comunas rurais é ainda o centro.

Nos Estados Unidos a aliança cidade-campo segue o caminho diagonal francês, mas com um viés espacial diferente. Não tendo que ajustar contas com estruturas socioeconômicas anteriores, o capitalismo americano se territorializa diretamente sobre a base de três realidades regionais: o leste burguês-industrial, o sul escravocrata-agrário e o meio-oeste camponês. De início a aliança se dá entre a burguesia do leste e os senhores de escravos do sul. A contradição evidente que isto envolve desde cedo leva a burguesia do leste a romper com os escravocratas do sul e estabelecer uma aliança em diagonal com o campesinato do oeste, cujo resultado é a Guerra Civil de 1860-1865, a urbano-industrialização geral e acelerada e, assim, a instituição do Estado federativo, fortemente autonomizado, dos estados norte-americanos.

Na Alemanha, diante da extrema fragmentação territorial que a divide em uma diversidade de principados e age como um poderoso empecilho à industrialização que unifique a nação e o mercado, a solução veio de fora. São as invasões napoleônicas que determinam, via uma reforma agrária de tipo campesino que rapidamente industrializa o oeste e agrariza à base da latifundização o leste, um oeste industrial e um leste latifundiário permanentemente pressionados por uma oposição operária organizada e atuante. E cujo desdobramento é a aliança cidade-campo horizontal dos industriais do oeste e da burguesia *junker* do leste que aproxima e funde os principados numa unificação do Estado por cima, de efeitos trágicos.

No Brasil a relação aliancista vai ser igualmente determinante, mas com um peso-chave no papel de suporte da fronteira em movimento, que ao tempo que une horizontalmente por cima oligarquia rural e industriais impede sua ocorrência entre operariado e campesinato por baixo. A pactuação federalista forma a ossatura do Estado. E por meio dela sempre se logra interceptar uma progressão nacional seja dos contraespaços e seja dos conflitos intraelites (Moreira, 1985).

Não obstante, os contraespaços são aqui recorrentes e ocorrem num intervalo médio de cinquenta anos. Regulares quanto à sequência de eclosão, mas irregulares quanto à duração, estendem-se algumas vezes por alguns poucos anos e outras por períodos que perduram por décadas. Ubíquos no espaço, são com mais frequência de incidência nordestina. Caracteristicamente de cunho local, nunca excedem a escala regional, parando diante da barreira da aliança cidade-campo do pacto federativo. Seja como for, e tenha o padrão que tiver, a manifestação de contraespaço sempre se dá por questões combinadas de terra-território, às vezes centrando-se no problema do território, a terra embutida como questão dentro dele, às vezes no da terra, o território pondo-se no horizonte ou aparentemente se ausentando.

Pode-se, assim, diferenciá-los em três fases distintas, a que se pode incluir uma quarta, consideradas suas características de tempo-espaço. Os três primeiros séculos formam a fase do contraespaço indígena e de negros escravos. Aí estão a Confederação dos Tamoios (1554-1567), a Confederação dos Tapuios (1651-1715) e a Guerra de Palmares (1610-1694). A Confederação dos Tamoios e a Guerra de Palmares correspondem ao ciclo da cana-de-açúcar, vicentino e pernambucano, respectivamente, e a Confederação dos Tapuios, ao ciclo do gado nordestino. Atravessa toda essa fase a longa duração das Guerras Guaraníticas (1610-1804), relacionadas num primeiro momento às invasões bandeirantes e num segundo aos conflitos de fronteira entre as Coroas espanhola e portuguesa. A passagem do século XIX para o XX é a fase do contraespaço camponês. São levantes de fundo, na aparência, messiânicos que explodem nos extremos do país e nas brechas de passagens de trânsito institucional, a Cabanagem (1835-1840), na passagem da Colônia para a Independência, e Canudos (1893-1897) e Contestado (1912-1916) na passagem do federalismo monárquico para o federalismo republicano. O século XX, industrial e urbano, por fim, é a fase do contraespaço operário e de multidão urbana, ora de ocorrência localizada, ora de escala nacional, sempre na forma de lutas por salários e condições de trabalho, quanto ao contraespaço operário, e de custo-moradia, quanto à multidão urbana, e correndo em geral em paralelo.

Excetuando as formas de contraespaço urbano, que usam as condições urbanísticas como logística de movimentos, todas as demais tomam o entorno natural como suporte de suas lutas, êmulos de táticas de guerrilhas em enfrentamento com as de formato clássico. Quando rurais, a logística é a natureza. Quando urbanas, a logística é a rua. Suportes de movimento e cobertura.

São assim os contraespaços da primeira fase. A Confederação dos Tamoios é de duração curta e territorialmente não vai além da extensão florestal e montanhosa que se estende da franja costeira entre o Rio de Janeiro e São Paulo. Autodesignando-se os mais antigos habitantes, sentido simbólico da palavra "tamoio", a Confederação é um movimento de reaquisição do domínio territorial retirado dos índios. Sobretudo porque a escravização do trabalho do índio, correlato da disponibilização do seu espaço, mostra a este o sentido nefasto do processo de vinculação terra-território-Estado da dominação colonial, de que já é vítima. A compreensão do significado desse vínculo move os índios e move os colonos. E pelos mesmos motivos, lidos ao contrário. E é a intervenção pesada do Estado colonial português, em defesa desse modelo de geografia da dominação, que dá a cartada final. A Confederação dos Tapuios tem duração mais longa e maior espraiamento territorial, numa guerra de movimentos por dentro da caatinga seca e espinhenta, de inteiro conhecimento indígena, quando a lei de terra-território é já uma prática efetiva. Daí que a Coroa portuguesa use de todo recurso de repressão de que dispõe, ao tempo que acena para a negociação via a paz do aldeamento. E os índios tapuios, um grupo étnico de hábitos nômades, radicalizem suas lutas, uma vez que veem o território como uma clara relação de liberdade de modo de vida e movimentos, cerceados pelo recorte do sertão em numerosas fazendas de gado. A guerra palmarina, ao contrário, é um contraespaço de duração longa, mas incrivelmente restrito territorialmente em sua inscrição aos vales e interflúvios montanhosos e florestados da encosta da Borborema, em Alagoas e Pernambuco. O território tem aqui o sentido claro de um ente geográfico da liberdade, sendo no entanto a terra o elemento que consagra o projeto de restauração do modo de vida comunitário de origem africana perdido. A guerra guaranítica, por fim, o contraespaço de mais longa duração e extensão, ocupa as áreas florestadas e entrecortadas de rampas de degraus do *trapp* arenito-basáltico do planalto meridional, aproveitadas pelas quedas d'água da bacia do Paraná em terras hoje do Paraguai, Argentina e Brasil. E é o mais enfático na combinação de terra e território, em face de ser um claro projeto de instauração de uma sociedade comunitária entre mundos coloniais.

Os contraespaços da segunda fase expressam o momento de transição do rural para o urbano, embora assemelham-se em seus projetos aos contraespaços palmarino e missioneiro. São movimentos de curta duração, nascidos das brechas dos conflitos intraoligárquicos característicos dos momentos de passagem de fases. A Cabanagem é um contraespaço de amplas proporções territoriais, em seu abarcamento do vale amazônico, com epicentro em Belém. Indeciso na passagem do caráter nativista para o comunitário, que o atravessa todo o tempo, afunda numa ambiguidade de caminho que traz território e terra para um pano de fundo mais logístico que pragmático, perdendo-se nas imprecisões programáticas. Tendo de fato em sua fase de afirmação insurrecional o Estado nacional como um antagonista, joga seus confrontos contra as forças locais, e nisso estagna em seu avanço e se desgasta. Canudos é um contraespaço de demarcação local, claro no seu propósito comunitário de terra e território, mesmo que arrumado no disfarce messiânico. A violência do Estado nacional, derrotado seguidas vezes por uma guerra de guerrilhas equipada apenas do uso da caatinga como arma e sempre voltado para desqualificá-lo como um movimento antirrepublicano, diz bem da compreensão pela oligarquia do claro significado antioligárquico de Canudos. A Guerra do Contestado, por fim, é um contraespaço identificado com os problemas de terra, agravado pelo esgotamento de áreas devolutas no âmbito restrito do planalto catarinense.

Tem um traçado qualitativo diferente o movimento da terceira fase, de fundo essencialmente urbano. Terra e território aqui são o plano de garantia de mínima existência com pano de fundo na cidade. Se o movimento operário é um contraespaço na luta pela consecução dos instrumentos de acesso a esses meios, via melhores condições de trabalho e salário, o da multidão urbana é um contraespaço de luta direta contra a carestia urbana e morada. São projetos e formas de contraespaço que se tocam, mas raramente se fundem num só movimento, embora o objeto da ação da multidão urbana seja o mesmo da ação operária pelo salário justo. Justo precisamente diante do custo de vida e moradia na cidade, como no complexo CSN-VR.

Uma quarta fase inicia-se, entretanto, no momento de emergência dos complexos de agroindústria. Suas características são a simultaneidade e a multiplicidade territorial das ocorrências. Simultaneidade de eclosão rural e urbana. E multiplicidade de ocorrência nos diferentes lugares ao mesmo tempo (mapa 7).

MAPA 7: CLASSES TERRITORIAIS E CONTRAESPAÇO NO SÉCULO XXI

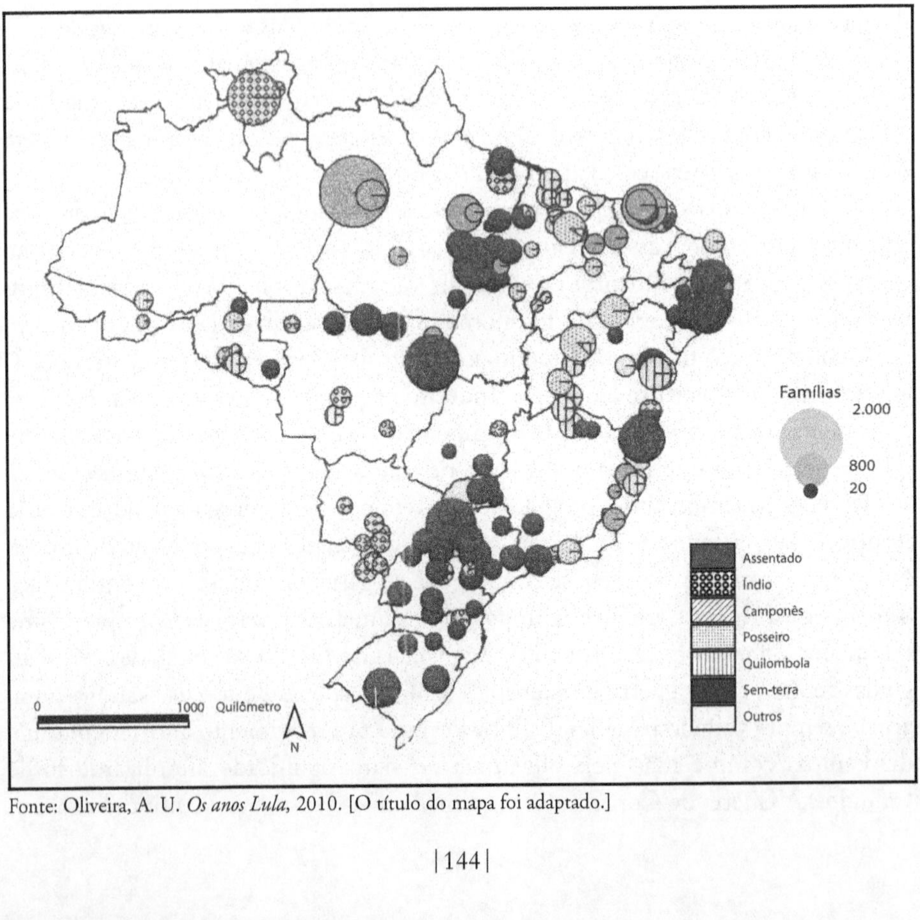

Fonte: Oliveira, A. U. *Os anos Lula*, 2010. [O título do mapa foi adaptado.]

É, assim, que prosseguem os contraespaços urbanos do operariado e da multidão urbana pelo direito aos meios de vida e ao espaço, agora radicalizados com a concomitância cidade-campo da sociedade e do mundo do trabalho, ao tempo que emergem como retorno dos contraespaços rurais terra e território, aqui voltando como projetos de luta e programas de contraespaço. O avanço da indústria com suas culturas agroindustriais sobre os espaços vizinhos é a fonte dessa espécie de restabelecimento. Ocupados por uma diversidade de formas de comunidades, esses espaços de imediato se tornam fonte de confrontação entre a indústria e a comunidade habitante. São comunidades indígenas, quilombolas, ribeirinhas, caiçaras, geraiseiras, quebradeiras de coco, pequiseiras espalhadas pelas várzeas, franjas litorâneas e cerrados, pressionando por demarcação de terras e legalização fundiária. Comunidades formadas na ilharga dos avanços passados da própria agroindústria, crescidas nas margens laterais e áreas esgotadas, deixadas à retaguarda e recuperadas no tempo, e agora cobiçadas pelos complexos agroindustriais pela fertilidade, vantagens de localização ou valor residual ou de recuperação. E que, à semelhança das lutas urbanas, embora mais pareçam classes territoriais, ocupam áreas então plantadas pela agroindústria no seu território, obstruem grandes vias de circulação e marcham sobre as cidades, pressionando governo e parlamento e buscando apoio dos movimentos de contraespaço urbano (Oliveira, 2010). Ou são camponeses sem-terra, desalojados de suas propriedades pelo avanço do latifúndio ou da agroindústria, em luta pela redistribuição de terras que elimine o monopólio fundiário, reassente o espaço brasileiro nas estruturas comunitárias e rearrume o arranjo espacial num modelo agrícola organizado na agricultura familiar (Fernandes, 2000; Alentejano, 2003 e 2007).

A TOTALIDADE HOMEM-MEIO

Por trás dessas ações de ontem e de hoje está, pois, a reação contraespacial a um arranjo de espaço ordenador de uma estrutura societária assentada no valor de troca como conteúdo e nexo estruturante. Um valor interposto na essência da relação homem-espaço-natureza que índios, escravos negros, camponeses, operários, multidão urbana e agora classes territoriais rejeitam em defesa de uma relação centrada no valor de uso, que é próprio dos modos de vida comunitários.

É em nome do valor de troca que primeiro e previamente se disponibiliza o espaço das comunidades indígenas. E em seguida este é recortado em grandes domínios de terra, território e senhorio, cuja culminância é a consagração do todo como uma sociedade ampla e duradouramente estruturada no monopólio. Monopólio do espaço. Mas igualmente da natureza. Mesmo diante das grandes transformações da história.

Organizada à base dessa unidade orgânica de tão alto nível de amálgama, forma-se a essência da sociedade que nele se assenta.

Um exemplo de essência é o controle sobre o trabalho. Sendo a terra o dado abundante, uma vez realizada a prévia disponibilização do espaço que antecede sua oferta e modo de acesso, e a força de trabalho o dado escasso, é do controle desta que se deriva o controle daquela. Assim, quanto maior o número de escravos de propriedade, observa Furtado, mais extensão de terras pode pleitear seu proprietário (Furtado, 1972). Até porque o volume de propriedade de trabalhadores escravos complementado pelo do tamanho da propriedade é o cabedal suficiente para o fazendeiro mostrar à Coroa a capacidade de pleiteante de bancar o projeto agromercantil exportador do açúcar, que no fundo é o que orienta a Coroa e para o qual foi acertada a formulação da lei das sesmarias na colônia. É do monopólio do escravo que vem, então, o monopólio da terra. E, vimos agora, no desdobramento, o monopólio também do território. E do poder de mando sobre o Estado. Findo o período do trabalho escravo, ergue-se uma sociedade já centralmente instituída no monopólio fundiário. E agora é a grande fazenda, não mais o trabalho, o dado real e suficiente. Um poder estrutural que se estende ao urbano, fazenda e cidade se conjuminando à luz da mesma base de arranjo. Base sobre a qual a indústria genética e genealogicamente se ergue.

O outro exemplo é a natureza. Quem domina a terra monopolisticamente domina não só o território e o mando da política, mas igualmente o todo do meio. Exatamente aqui a disponibilização do espaço se concretiza como estratégia pensada. É neste ponto que a política do descimento jesuítico mostra-se mais eficiente que o da preação bandeirante. Toda atenção dos jesuítas era menos com a vida comunitária e mais com a cosmologia que dava ao modo de vida indígena a consistência comunitária que tinha. A mundivisão que vinha da natureza a partir do modo do espaço vivido. Escandaliza-os a vida em grupo dos índios nas ocas, onde coabitavam às vezes duzentas pessoas numa relação familiar para os jesuítas publicamente sem interdito. E assim buscam quebrar esse traço de cultura trocando as ocas coletivas por casas familiares individuais do molde europeu. Uma quebra espacial. Voltada para o desmonte da cosmovisão indígena, essa quebra tem no seu foco o arranjo do espaço ordenador de uma relação livre de vida em comunidade, e sua substituição por um outro ordenador de controle jesuítico. Incomoda os padres os valores que informam esse arranjo, extraídos do modo de entrelace natural dos índios com o meio. Se a realocação na casa individual pode reeducá-los em sua relação intrafamília, a realocação do descimento pode fazê-lo na escala do próprio todo comunitário. Mais que isso, se a casa familiar individual retira-os do que para os padres tem um sabor de promiscuidade, o descimento de toda a aldeia pode retirá-los de vez da influência xamânica, fonte de sua mundivisão natural, reeducando-os nos valores de mundo da catequese (Neves, 1978).

O importante é que se dê o deslocamento de um modo de vida centrado nos valores de uso, que é próprio das relações comunitárias, para um outro centrado nos valores de troca, mais próprio das relações de mercado do colono, alterando-o do cotidiano às grandes representações, numa ruptura ecológico-territorial, como diz Quaini, de radical poder de mudança e inversão (Quaini, 1979).

A preação é uma forma violenta e pouco duradoura de ruptura. De imediato o índio é jogado no mundo do valor de troca, onde ele, espaço e natureza se tornam objetos de compra e venda, sem a necessária passagem de assimilação do novo. O índio vira força de trabalho. A natureza, fonte de recursos. E o espaço, meio ordenador de um e de outro numa relação de totalidade homem-espaço-natureza com lógica no mercado. Uma lógica de rápido esgotamento.

Daí o cuidado da Coroa de manter uma política e outra, por cima das dissensões dos colonos. O valor da forma de relação ecológica é por ela proclamado tão importante quanto a relação do trabalho com o índio. A Coroa nisso corrobora os relatórios que lhe chegam dos viajantes, todos eles jesuítas, dando conta do cotidiano da colônia. Apreender a relação do índio com a terra é tão útil quanto tê-los. É o conselho que dão de Cardim a Antonil (Andreoni) e Benci. Embora centrados em objetivos diferentes, o modo de vida indígena em Cardim, o arranjo espacial da geografia econômica em Antonil e a coerência cristã no trato com a terra e os escravos em Benci, cada qual alerta a Coroa para a forma de relação ecológico-territorial predatória de homem e natureza do colono e a necessidade de guardar dentro dela algo da relação indígena, do significado representacional da sua cosmovisão aos cuidados que têm no uso prático da queimada (Cardim, 1939; Andreoni, 1966; Benci, 1977). Sabem eles da cegueira de todo empreendimento colonial, cujos resultados nefastos já se mostram.

A queimada serve de exemplo. Sistema de cultivo do índio e do negro africano, torna-se o sistema do colono. Mas naqueles é associado à policultura e a um desmatamento e rodízio de terras de pequena escala. Neste, é associado à monocultura e a um desmatamento e itinerância em grande escala e ritmo de velocidade. Uma mesma forma de relação homem-meio, mas com ordenação de arranjo diferente. E igualmente quanto aos resultados, consequentemente. A lavoura começa na derrubada da mata e abertura de clareira para o plantio seguida da queima da mata seca e do plantio na clareira desimpedida. Após alguns anos, esgotado o solo, abandona-se a área e derruba-se a mata numa área nova. E o ciclo recomeça. Feita em pequenos roçados e à base da policultura, a pequena lavoura indígena deixa para trás e abre outra numa área próxima, uma clareira que no tempo se recobre da vegetação original. Feita em grandes áreas e à base da monocultura, a clareira da grande lavoura do colono se desdobra numa outra de área contígua, numa extensão e intensidade de desmatamento contínuo que não dá à área do desmonte chances de recuperação, deixando para trás enormes tratos de espaço degradado cuja única alternativa de uso é a ocupação pela pecuária.

Cada fazenda de lavoura é assim uma célula de desmatamento-itinerância em grande escala, o conjunto levando a uma devastação em progressão exponencial. Rege-a em seus movimentos a renda diferencial de fertilidade e localização, traduzida numa lei de rendimentos decrescentes, de modo que, somados os ciclos da cana, do cacau e do café, tem-se um misto de ciclo econômico e fronteira agrícola, adverte Waibel, de efeitos devastadores.

A retirada da cobertura vegetal em tal progressão atinge por tabela o alicerce morfopedogenético, formado em geral de imensos mantos de decomposição desenvolvidos nas colinas do substrato, sobretudo nas áreas da faixa da mata atlântica, expondo e deixando o solo sujeito à frequente retirada erosiva. Aberta em geral no fundo dos vales e patamares, isso significa um volume de perda do solo e assoreamento dos rios que já então chamava a atenção dos viajantes.

Sucede que as cidades entram nessas áreas novas, velhas e reocupadas pelas culturas com igual intensidade de enraizamento. Por isso, arrumadas interna e externamente na mesma lógica de ruptura ecológico-territorial das fazendas, movidas que são pela mesma regência no valor de troca via renda diferencial. E, em estreita relação com as fazendas, buscam localizar-se nas mesmas áreas de vales, numa enorme similitude de sítio, movidas pela lei da proximidade. Aí, de preferência, vão ocupar os taludes de baixa e meia encosta, fugindo da várzea e deixando a margem dos rios, sujeita a frequentes inundações, para as culturas agrícolas. Com o crescimento demográfico, avançam pelos patamares mais acima e mais abaixo, indo ocupar encostas e fundos de vale mais profusamente. A chegada e instalação das ferrovias nas cotas baixas e depois das rodovias nas cotas altas empurram-nas sobre as encostas mais expansivamente, arrumando-se nesse sítio ampliado no interesse dos ganhos da renda diferencial de parte de capitais muitas vezes de origem rural.

São Paulo é um exemplo. A cidade se instala inicialmente no topo plano dos espigões, fugindo da várzea do rio Tietê e afluentes, só mais tarde ocupada pelas fábricas e vilas operárias e a ferrovia. Com a marcha da industrialização ela para aí desce, indo localizar na várzea dos rios seu corpo urbano principal. Recife é um outro exemplo. A cidade se instala nas ilhas da várzea dos rios Beberibe e Capiberibe, avançando em obras de pontes e drenagem sobre elas e arrumando seu sítio nessa interligação. A marcha do crescimento urbano espalha o corpo da cidade pelas e para além das margens desses dois rios, empurrada para encostas e mangues pela renda diferencial. O Rio de Janeiro serve de exemplo intermediário. A cidade se instala na fímbria do recôncavo guanabarino, entre a baía e os maciços, avançando posteriormente pelos vales entre os morros e pela fímbria litorânea, no sentido sul, e baixadas agrícolas periféricas, à base de loteamentos de antigas fazendas, no sentido norte, leste e oeste para onde é empurrada pela renda diferencial (Ab'Sáber, 2007; Melo, 1958; Bernardes, 1957). Nesses três exemplos se ilustra a geografia urbana da maioria das cidades brasileiras (Geiger, 1963). E o destino comum de inundações, deslizamentos de encostas e assoreamento das fazendas e áreas agrícolas.

A repetição desse quadro nas áreas de modernização agrícola de terrenos planos do planalto central só faz confirmá-lo. Ordenado na renda diferencial II, que substitui pela tecnologia o problema do custo de fertilidade e localização da renda diferencial I, o modo de arranjo da ocupação segue o modelo das áreas de encostas e vales da mata atlântica da fachada litorânea.

Todavia, se o problema do custo de fertilidade e localização dissolve-se na solução técnica da renda diferencial II, a monocultura e a dissociação da lavoura-pecuária seguem sendo o modelo de arranjo agrário. De modo que na prática a renda diferencial II antes elimina e substitui a conversão da renda diferencial I na lei dos rendimentos decrescentes pela correção do solo por um uso pesado de máquinas e substâncias químicas fornecidas por um ramo de indústria que surge com essa função, recriando a lei dos rendimentos decrescentes sob forma nova, por conta da reafirmação do modelo agrícola da monocultura. Diminuto e quase inexistente nos anos 1950 e 1960, quando a modernização começa nos limites de fronteira do espaço molecular, o setor de indústria de insumos agrícolas dá um enorme pulo com o deslocamento da fronteira agrícola da mata atlântica para a região de cerrado do miolo do espaço brasileiro, plantando suas raízes no planalto central e avançando para o rebordo da mata amazônica.

Nessa linha nova de fronteira, indústria de insumos e modernização agrícola crescem juntas e num ritmo de aceleração que é tão maior quanto mais a expansão da fronteira aumenta o consumo agrícola de insumos industriais. É assim que a área ocupada pela agricultura e pela pecuária salta dos 197 milhões de 1940 para os 264 milhões de 1980, na mesma proporção aumentando a produção e o uso de máquinas e defensivos agrícolas. De um total de 9.798 toneladas em 1970, a produção de defensivos agrícolas pula para 48.477 toneladas em 1980, e o consumo passa de um total de 27.728 toneladas para 80.968 toneladas no mesmo período, a produção industrial aumentando de uma ordem de 494% e o consumo agrícola, de uma ordem de 292% no curto espaço de um decênio. Um dado que torna o Brasil o terceiro país em produção e vendas. Mas, igualmente, um campeão do aumento do número de pragas agrícolas, que pula de um total de 193 para 593 entre 1958 e 1976. E da contaminação química do ambiente e da massa trabalhadora, afetados pela aspersão dos defensivos em grande escala, geralmente os mais tóxicos, pelas plantações, atraindo e provocando entre os trabalhadores doenças e mortes, e ainda afetando a população como um todo através da contaminação das águas e dos produtos alimentícios (Grazziano Neto, 1980).

Se este é o efeito dos defensivos, não é menor o das máquinas agrícolas. Aqui são três os problemas. O primeiro é a erosão dos solos. Se no arranjo da renda diferencial I a fonte é a erosão dos solos e deslizamento de encostas por efeito do desmatamento, neste da renda diferencial II a fonte é o desmatamento reforçado na mecanização. A terra revolvida antes do período chuvoso e deixada a descoberto no intuito do abrigo da maior reserva hídrica possível nos solos tem o efeito inverso de carreamento erosivo em grande escala. As perdas chegam a 25 toneladas de solo por hectare a cada ano carreado para o leito dos rios, num assoreamento combinado à inundação da várzea e dos plantios em escala ainda mais ampliada que nas áreas de encostas inclinadas da mata atlântica. Um segundo efeito é a perda da fertilidade. Gradeado a uma grande profundidade e deixado exposto à ação direta da insolação, o solo perde grande parte de sua vida microbacteriana, infertilizando-se intensamente. E um terceiro efeito é o próprio aumento exponencial do desmatamento. Devastada em grande escala pela mecanização pesada, entre os anos 1970 e 1980, o planalto perde entre cerrado e mata o equivalente à média de 2,5 milhões de hectares de cobertura vegetal por ano.

A disseminação e o tamanho demográfico das cidades que ocorrem na ligação orgânica com essa modernização se incumbem de dilatar em escala os efeitos da similitude. A renda diferencial I segue sendo a lei diretora do arranjo urbano. E o fato de a cidade ser plural em suas formas e distribuição por relacionar sua origem aos ciclos econômicos difunde ainda mais esse efeito.

Desconsiderada a fase inicial e curtíssima do ciclo do pau-brasil, é o ciclo da cana-de-açúcar que dá início efetivo ao processo de constituição da formação espacial brasileira, nos núcleos de São Vicente, da Bahia e de Pernambuco. É esse ciclo que institui a sociedade brasileira como uma sociedade agrária e faz da fazenda de lavoura sua célula estrutural. É, entretanto, uma sociedade agrária de cunho mercantil e é este aspecto que substancia o seu aspecto em geral cosmopolita a partir do espelhamento da fazenda na cidade. Esta, em contrapartida, se multiplica pelas áreas de *plantation* e em geral se localiza no mesmo sítio de assentamento litorâneo, seja do ponto de vista posicional e seja de arranjo configurativo. No século XVIII, com o advento do ciclo do ouro e diamantes, a sociedade colonial experimenta uma ligeira, mas substantiva, mudança de caráter sociocultural. O ciclo da mineração transfere o centro de gravidade da ocupação do litoral para o interior, instalando-se nas áreas de terrenos montanhosos e alternagem de matas e cerrados do algonquiano de Minas Gerais, aí se organizando com centro residencial nas cidades. Daí então se estende para as áreas planas e de cerrado de Goiás e Mato Grosso com o mesmo caráter de sociedade minero-urbana, em meio a fazendas de gado. Esse deslocamento dura apenas até o final do século, quando o ciclo se encerra, deixando um povoamento alargado para a hinterlândia e, sobretudo, um começo de cultura de vida urbana na colônia. Desse duplo de centralidade, a da fazenda de lavoura e a da cidade de mineração, deriva o duplo urbano de Salvador e Recife, pelo lado do plantacionismo, e do Rio de Janeiro, pelo lado da mineração. Todavia, à diferença de Salvador e Recife, orgânicas com o ciclo da cana, a cidade do Rio de Janeiro, nascida da ruína da Confederação dos Tamoios, é uma cidade-porto e um centro de controle administrativo do ouro da hinterlândia mineira, tirando a seguir de sua posição privilegiada entre Nordeste e Sul e litoral e interior elemento para alçar-se depois a centro de gravidade política do Brasil independente. O ciclo do gado, uma espécie de culminância do quase caráter de um ciclo de cidades do ciclo da mineração, espalhando, a caminho das minas, tantos núcleos e cultura de vida urbana quanto a mineração pelo planalto central ao longo das trilhas que abre nas áreas de campos, cerrado e caatinga. Mas no planalto central, transformado num enorme espaço pastoril uma vez terminado o ciclo da mineração, são ainda as cidades da mineração as cidades. A exceção é a criação, mais para adiante, da cidade de Belo Horizonte, que, em Minas Gerais, irá arrumar espaço pastoril e arraiais, povoados, vilas e cidades num todo correlacionado. O ciclo da borracha, uma retomada no século XIX da atividade extrativista dos aldeamentos jesuíticos dos séculos XVI-XVII destruída pela política do Diretório de Pombal do século XVIII e o massacre da Cabanagem, reorganiza o vale amazônico numa macrocefalia de Belém, frente à qual se dissolve o embrião de vilas e cidades que então florescia. O ciclo dos núcleos coloniais responde pela profusão de cidades e indústrias que vão surgir no planalto meridional, somando-se à já densa rede de arraiais, povoados e vilas criadas no âmbito da vegetação campestre da campanha e da depressão periférica pela expansão do gado. E de cujo entrelace Porto Alegre, Florianópolis e Curitiba emergem como os grandes centros de articulação. O ciclo do café, por fim o último dos ciclos, traz em si a marca do urbano ordenador que vem com o movimento da acumulação primitiva, enquanto um ciclo de transição. Produto, e por isso mesmo, agente da passagem do trabalho escravo para o assalariado, das tropas de mulas para a ferrovia e da renda diferencial de fertilidade e localização para a diferencial de tecnologia no ordenamento espacial plantacionista, a cidade cafeeira multiplica pontos de circuitos de relação para dentro que trará a urbanização e a cultura urbana como um todo para o planalto paulista, de que a cidade de São Paulo é agente e espelho.

A centralidade fabril é a materialização dessa passagem. E o âmbito da cidade produzida pela virada dos anos 1950, uma vez vencido o momento inicial da fábrica-vila. A cidade beneficiária do êxodo que transfere a população do campo para os centros industriais. Cidade que cresce com o crescimento da indústria. Urbaniza-se e cedo leva a população urbana a ultrapassar a população rural no cômputo geral do país. E que se hierarquiza territorialmente na mesma sequência de trajetória que leva a indústria a deslocar-se do interior para os núcleos urbanos e daí para as cidades do Sudeste. Primeiro surgem as cidades de referência central dos ciclos. Depois, cada cidade-referência se transforma numa metrópole regional. A seguir, o conjunto se diferencia e se polariza na hierarquia que distingue as metrópoles a partir da superioridade das cidades do Sudeste. São Paulo, Rio de Janeiro e Belo Horizonte no topo. E com a concentração que assim se forma, a cidade explode em grandes espaços de arrumação.

Em 1872 só Rio de Janeiro, Salvador e Recife têm mais de cem mil habitantes, apenas o Rio de Janeiro ultrapassando os duzentos mil (274 mil). Três outras cidades têm mais de cinquenta mil: São Paulo, Porto Alegre e Belém. O Rio de Janeiro é a capital nacional. E o centro urbano mais industrializado. Salvador e Recife expressam a força, aí ainda grande, do ciclo açucareiro. E São Paulo, Porto Alegre e Belém, a importância econômica respectivamente do ciclo do café, dos núcleos coloniais e do gado e do ciclo da borracha. Em 1900 são quatro as cidades com mais de cem mil habitantes, São Paulo acrescentando-se às três iniciais, já expressando a centralidade cafeeira, com Belém praticamente aí chegando (96 mil habitantes). Nesse ano o Brasil tem uma população de 18 milhões de habitantes, 90% dos quais morando no campo. Em 1980, um século depois, expressando o absoluto predomínio da população urbana e do desenvolvimento urbano-industrial, nove cidades ultrapassam um milhão de habitantes: São Paulo, Rio de Janeiro, Salvador, Recife, Porto Alegre, Fortaleza, Curitiba, Belo Horizonte e Brasília. E cada uma delas reúne em si o que somavam as dez cidades mais povoadas em 1872. As cidades com população entre cem mil e duzentos mil habitantes, em número de 95, são agora cidades de porte médio. E as cidades de São Paulo, Rio de Janeiro e Belo Horizonte somam 15 milhões de habitantes, significando 13% da população total e 17% da população urbana do Brasil. E quase a população nacional total de 1872 (Santos, 1993).

Assim, tal como no arranjo das monoculturas, as cidades viram arranjos de grandes espaços. Com os mesmos problemas de sítio e localização. É como se os problemas disseminados na escala extensa dos espaços rurais se tivessem condensado e comprimido para emergir na escala concentrada da cidade. Que cada cidade local, reprodutora de um mesmo arranjo-problema ao infinito, cuida de amplificar num só padrão de ocorrência por toda a escala do espaço brasileiro.

A MOLECULARIDADE INTEGRADA

Sucede que expressando a força do eixo terra-território-senhorio que informa a relação sociedade-espaço brasileira continuamente, o deslocamento para o miolo influi na marcha da concentração urbana levando-a a refluir junto ao fortalecimento que a disseminação da agroindústria traz para as médias e pequenas cidades e que através dos ciclos se espalha pelo espaço brasileiro amplamente.

E com a peculiaridade de urbanizar o espaço nacional por inteiro, no mesmo ato em que através dos laços agricultura-indústria este espaço como que se rerruraliza.

Como que numa versão urbanizada da antiga relação fazenda-cidade do passado, as centenas de cidades pequenas e médias da região do cerrado se agroindustralizam. E essa agroindustrialização dissemina seu híbrido agrourbano para as cidades congêneres do Norte, Nordeste, Sudeste e Sul. E com esse conteúdo híbrido chega também às cidades-metrópoles, aqui como biocombustível e ali como dietética, como que rurbanizando o transporte e o prato do almoço e do jantar da população urbano-metropolitana.

Simultâneo ao deslocamento que acelera o ritmo expansivo das cidades médias e pequenas ao tempo que desacelera o das cidades metropolitanas, a disseminação agroindustrial traz para seu centro o movimento das reordenações, dando o rumo do todo do movimento das desconcentrações.

Muitas são as cidades interioranas de São Paulo que aprofundam a antiga centração de sua indústria na produção de insumos agrícolas ou passam a focá-la ou combiná-la numa equação de agroindústria. E mais ainda as do Mato Grosso e Goiás, que passam a receber e reciclar sua economia para concentrá-la num complexo de integração soja-ração-carne (Bernardes, 2005) ou sucroalcooleira (Thomaz Jr., 2002). E isso num todo de simultaneidade que generaliza pelo espaço brasileiro as formas novas de contraespaço de natureza, agora rurbano-comunitária, ao tempo que redistribui territorialmente a classe trabalhadora fabril numa tendência de concentração-dispersa, à guisa das nebulosas de constelações minero-urbanas do passado das áreas de mineração, em centros industriais de indústrias leves e de agroindústria pelo espaço antes rural do sertão central e nordestino.

BIBLIOGRAFIA

AB'SÁBER, Aziz. *Os domínios de natureza no Brasil*: potencialidades paisagísticas. Cotia: Ateliê Editorial, 2003.

_____. *Geomorfologia do sítio urbano de São Paulo*. Cotia: Ateliê Editorial, 2007.

_____; BERNARDES, Nilo. *Vale do Paraíba, serra da Mantiqueira e arredores de São Paulo*. Rio de Janeiro: IBGE/UGI, 1958. (Guia de Excursão n. 4)

ABREU, Capistrano de. *Capítulos de história colonial*. 6. ed. Rio de Janeiro: Civilização Brasileira, 1976.

ALBUQUERQUE, Manoel Maurício. A economia do século XVIII. In: *Atlas histórico escolar*. 7. ed. Rio de Janeiro: MEC, 1980.

ALENTEJANO, Paulo R. R. As relações campo-cidade no Brasil no século XXI. In: *Terra Livre*. São Paulo: AGB, n. 21, ano 19, 2003.

_____. Os movimentos sociais e a teoria geográfica. In: *Abordagens teórico-metodológicas em geografia agrária*. MARAFON, Gláucio; JOSÉ, RUA, João; e RIBEIRO, Miguel Ângelo (orgs.). Rio de Janeiro: Eduerj, 2007.

ALMEIDA, Fernando F. M.; LIMA, Miguel Alves de. *Planalto central-ocidental e Pantanal mato-grossense*. Rio de Janeiro: IBGE/UGI, 1959. (Guia de Excursão n. 1)

ANDREONI, João Antônio (André João Antonil). *Cultura e opulência no Brasil*. São Paulo: Companhia Editora Nacional, 1966.

ANDRADE, Manuel Correia de. *Paisagens e problemas do Brasil*. 3. ed. São Paulo: Brasiliense, 1970.

_____. *A terra e o homem no Nordeste*. 3. ed. São Paulo: Brasiliense, 1973.

BECKER, Bertha K. *Geopolítica da Amazônia. A nova fronteira de recursos*. Rio de Janeiro: Zahar, 1982.

_____. *Amazônia*. São Paulo: Ática, 1991.

_____. *Amazônia*: geopolítica na virada do III milênio. Rio de Janeiro: Garamond, 2004.

_____; EGLER, Cláudio. *Brasil*: uma nova potência regional na economia-mundo. Rio de Janeiro: Bertrand Brasil, 2006.

BERNARDES, Júlia Adão. Circuitos espaciais da produção na fronteira agrícola moderna: BR-163 mato-grossense. In: BERNARDES, Júlia Adão; FREIRE FILHO, Osni de Luna (orgs.). *Geografias da soja*: BR-163 fronteiras em mutação. Rio de Janeiro: Arquimedes Edições, 2005.

BERNARDES, Lysia Maria Cavalcanti. *Planície litorânea e zona canavieira do estado do Rio de Janeiro*. Rio de Janeiro: IBGE/UGI, 1957. (Guia de Excursão n. 5)

BENCI, Jorge. *Economia cristã dos senhores no governo dos escravos*. São Paulo: Grijalbo, 1977.

BRUM, Argemiro Jacob. *Modernização da agricultura*: trigo e soja. Rio de Janeiro: Vozes, 1988.

BRUNHES, Jean. *Geografia humana*. Rio de Janeiro: Fundo de Cultura, 1962.

CANABRAVA, Alice. Vocábulos e expressões usadas em *Cultura e opulência do Brasil*. In: ANDREONI, João Antônio. *Cultura e opulência do Brasil*. São Paulo: Companhia Editora Nacional, 1966.

CARNEIRO, Edson. *O quilombo dos palmares*. 3. ed. Rio de Janeiro: Civilização Brasileira, 1966.

CARDIM, Fernão. *Tratado da terra e gente do Brasil*. São Paulo: Companhia Editora Nacional, 1939.
CASTRO, Antonio Barros de. Agricultura e desenvolvimento no Brasil. In: *7 ensaios sobre a economia brasileira*. v. 1. Rio de Janeiro: Forense, 1980.
COSTA, Rogério H. *Desterritorialização e identidade*: a rede gaúcha no Nordeste. Niterói: Eduff, 1997.
DAVIDOVICH, Fanny. Indústria. *Nova Paisagem do Brasil*. 5. tiragem. Rio de Janeiro: IBGE, 1974.
DI PAOLO, Pasquali. *Cabanagem*: a revolução popular na Amazônia. Belém: Conselho Estadual de Cultura, 1985.
DINIZ, Campolina. A nova configuração urbano-industrial do Brasil. In: _____. *Unidade e fragmentação*: a questão regional no Brasil. São Paulo: Perspectiva, 2002.
DOMINGUES, Alfredo Porto; KELLER, Elza Coelho de Souza. *Bahia*. Rio de Janeiro: IBGE/UGI, 1958. (Guia de Excursão n. 6)
ELIAS, Denise. Agronegócio e desigualdades socioespaciais. In: ELIAS, Denise; PEQUENO, Renato (orgs.). *Difusão do agronegócio e novas dinâmicas socioespaciais*. Fortaleza: Banco do Nordeste/CNPq, 2006.
FAORO, Raymundo. *Os donos do poder*: formação do patronato político brasileiro. Porto Alegre: Globo, 1975.
FAZOLI FILHO, Arnaldo. *O período regencial*. Série Princípios. São Paulo: Ática, 1990.
FERNANDES, Bernardo Mançano. *A formação do MST no Brasil*. Rio de Janeiro: Vozes, 2000.
FLORES, Moacyr. *História do Rio Grande do Sul*. Porto Alegre: Martins, 1986.
FURTADO, Celso. A estrutura agrária e o subdesenvolvimento brasileiro. In: _____. *Análise do "modelo" brasileiro*. Rio de Janeiro: Civilização Brasileira, 1972.
FREYRE, Gilberto. *Casa-grande & senzala*. Rio de Janeiro: José Olímpio, 1973.
GEIGER, Pedro Pinchas. *Evolução urbana brasileira*. Rio de Janeiro: MEC/Ibep, 1963.
_____; GGI (Grupo de geografia da indústria). Estudos para a geografia da indústria do Sudeste. *Revista Brasileira de Geografia*. Rio de Janeiro: IBGE, n. 4, ano 44, 1963.
GOMES, Mércio Pereira. *Os índios e o Brasil*. Vozes, 1988.
GONÇALVES, Carlos Walter Porto. *Geografando: nos varadouros do mundo* – da territorialidade seringalista (o seringal) à territorialidade seringueira (a reserva extrativista). Brasília: Edições Ibama, 2003.
GORENDER, Jacob. *Escravismo colonial*. São Paulo: Ática, 1978.
GOULART, José Alípio. *Tropas e tropeiros na formação do Brasil*. Rio de Janeiro: Conquista, 1961.
_____. *Brasil do boi e do couro*. Rio de Janeiro: Edições GRD, 1965.
_____. *O mascate no Brasil*. Rio de Janeiro: Conquista, 1967.
GRAZZIANO NETO, Francisco. *Questão agrária e ecologia*. São Paulo: Brasiliense, 1980.
HOLANDA, Sérgio Buarque. Prefácio do editor. In: DAVATZ, Thomas. *Memórias de um colono no Brasil*. São Paulo: Martins Fontes,1972.
_____. *Monções*. São Paulo: Alfa-Ômega. 1976.
_____. *Extremo-Oeste*. São Paulo: Brasiliense, 1986.
LEAL, Vitor Nunes. *Coronelismo, enxada e voto*. São Paulo: Alfa-Ômega, 1975.
LEFF, Nathanael H. *Política econômica e desenvolvimento no Brasil, 1947-1984*. São Paulo: Perspectiva, 1968.
LIMA, Ruy Cirne. *Pequena história territorial do Brasil*: sesmarias e terras devolutas. Porto Alegre: Edição Sulina, 1954.
LOPES, José Sérgio Leite. Fábrica e vila operária. Considerações sobre uma forma de servidão burguesa. In: _____. *Mudança social no Nordeste*: ensaios sobre trabalhadores urbanos. Rio de Janeiro: Paz e Terra, 1979.
MAMIGONIAN, Armen. Estudo geográfico da indústria em Blumenau. *Revista Brasileira de Geografia*. Rio de Janeiro: IBGE, n. 3, ano 27, 1965.
MARTINS, José de Souza. *Os camponeses e a política no Brasil*. Rio de Janeiro: Vozes, 1981.
MELO, Mario Lacerda de. *Paisagens do Nordeste em Pernambuco e Paraíba*. Rio de Janeiro: IBGE/UGI, 1958. (Guia de Excursão n. 7)
MILLIET, Sérgio. *Roteiro do café e outros estudos*. São Paulo: Hucitec, 1982.
MIRANDA, Evaristo Eduardo de. *Quando o Amazonas corria para o Pacífico*. 2. ed. Rio de Janeiro: Vozes, 2007.
MONBEIG, Pierre. *Pioneiros e fazendeiros de São Paulo*. São Paulo: Hucitec/Polis, 1984.
MONIZ, Edmundo. *A guerra social de Canudos*. Rio de Janeiro: Civilização Brasileira, 1978.
MONTEIRO, Duglas Teixeira. *Os errantes do novo século*. São Paulo: Livraria Duas Cidades, 1974.
MONTEIRO, John Manuel. *Negro da terra*: índios e bandeirantes nas origens de São Paulo. São Paulo: Companhia das Letras, 1995.

BIBLIOGRAFIA

MOORE JR., Barrington. *As origens sociais da ditadura e da democracia*: senhores e camponeses na construção do mundo moderno. Lisboa: Martins Fontes, 1983.

MOREIRA, Ruy. *O movimento operário e a questão cidade-campo no Brasil*: estudo sobre sociedade e espaço. Rio de Janeiro: Vozes, 1985.

_____. *O pensamento geográfico brasileiro*. São Paulo: Contexto, 3 v., 2008/2009/2010.

NEVES, Luiz Felipe Baeta. *O combate dos soldados de cristo na terra dos papagaios*: colonialismo e repressão cultural. Rio de Janeiro: Fundo de Cultura, 1978.

NIMER, Edmon. Circulação atmosférica no Brasil. In: _____. *Climatologia do Brasil*. Rio de Janeiro: IBGE/Supren, 1979.

OLIVEIRA, Ariovaldo Umbelino de. A questão agrária no Brasil: não reforma e contrarreforma agrária no governo Lula. In: _____. *Os anos Lula*: contribuições para um balanço crítico 2003-2010. Rio de Janeiro: Garamond, 2010.

_____. Agricultura brasileira: transformações recentes. In: Ross, Jurandyr L. Sanches (org.). *Geografia do Brasil*. São Paulo: Edusp, 1996.

_____. *A geografia das lutas no campo*. São Paulo: Contexto, 1988.

OLIVEIRA, Francisco de. *A economia brasileira*: crítica à razão dualista. São Paulo: Brasiliense, 1972.

_____. Mudança na divisão inter-regional do trabalho no Brasil. In: _____. *A economia da dependência perfeita*. Rio de Janeiro: Paz e Terra, 1977a.

_____. *Elegia para uma re(li)gião*: Sudene, Nordeste, planejamento e conflito de classes. Rio de Janeiro: Paz e Terra, 1977b.

PORTO, Costa. *Estudo sobre o sistema sesmarial*. Recife: Imprensa Universitária, 1965.

PRADO JR., Caio. *Formação do Brasil contemporâneo*: colônia. São Paulo: Brasiliense, 1961.

_____. *Evolução política do Brasil e outros estudos*. São Paulo: Brasiliense, 1963.

_____. *A revolução brasileira*. São Paulo: Brasiliense, 1965.

_____. *História econômica do Brasil*. São Paulo: Brasiliense, 1979.

PUNTONI, Pedro. *A guerra dos bárbaros*: povos indígenas e a colonização do sertão do Nordeste do Brasil – 1650-1720. São Paulo: Hucitec, 2000.

QUAINI, Massimo. *Marxismo e geografia*. Rio de Janeiro: Paz e Terra, 1979.

QUEIROZ, Mauricio Vinhas de. *Messianismo e conflito social*: a guerra sertaneja do Contestado: 1912-1916. São Paulo: Ática, 1966.

QUINTILIANO, Aylton. *A guerra dos tamoios*. Rio de Janeiro: Reper Editora, s/d.

ROMARIZ, Dora de Amarante. A vegetação. In: AZEVEDO, Aroldo (org.). *Brasil, a terra e o homem*. v. 1: As bases físicas. São Paulo: Companhia Editora Nacional, 1968.

RUELLAN, Francis. *O escudo brasileiro e os dobramentos de fundo*. Rio de Janeiro: Faculdade Nacional de Filosofia-Universidade do Brasil, 1952.

SANTOS, Milton. *A urbanização brasileira*. São Paulo: Hucitec, 1993.

_____; SILVEIRA, Maria Laura. *O Brasil*: território e sociedade no início do século XXI. Rio de Janeiro: Record, 2001.

SANTOS, Roberto. *História econômica da Amazônia, 1800-1920*. São Paulo: T. A. Queiroz Editor, 1980.

SILVA, Carlos Alberto Franco da. *Grupo André Maggi*: corporação e rede em áreas de fronteira. Cuiabá: Entrelinhas, 2003.

SOARES, Lucio de Castro. *Amazônia*. Rio de Janeiro: IBGE/UGI, 1963. (Guia de Excursão n. 8)

STEIN, Stanley. *Origem e evolução da indústria têxtil no Brasil, 1850-1950*. Rio de Janeiro: Campus, 1979.

STRAUCH, Ney. Zona metalúrgica de Minas Gerais e vale do rio Doce. Rio de Janeiro: IBGE/UGI, 1958. (Guia de Excursão n. 2)

THOMAZ JR., Antônio. *Por trás dos canaviais, os "nós" da cana*: a relação capital x trabalho e o movimento sindical dos trabalhadores na agroindústria paulista. São Paulo: Annablume/Fapesp, 2002.

VALVERDE, Orlando. *O planalto meridional do Brasil*. Rio de Janeiro: IBGE/UGI, 1958. (Guia de Excursão n. 9)

_____. *A rodovia Belém-Brasília*. Rio de Janeiro: IBGE, 1967.

_____. *Estudos de geografia agrária brasileira*. Petrópolis: Vozes, 1984.

VEIGA, Sandra Mayrink; FONSECA, Isaque. *Volta Redonda*: entre o aço e as armas. Petrópolis: Vozes, 1990.

WAIBEL, Leo. *Capítulos de Geografia tropical e do Brasil*. Rio de Janeiro: IBGE, 1958.

WIRTH, John D. *A política do desenvolvimento na era de Vargas*. Rio de Janeiro: Fundação Getúlio Vargas, 1973.

O AUTOR

Ruy Moreira é professor associado 2 do Departamento de Geografia da Universidade Federal Fluminense (UFF) e vem se dedicando a pesquisas cruzadas no campo da teoria e da epistemologia geográfica e da organização espacial da sociedade brasileira, objetivando situar o formato da teoria geral que defina o olhar próprio da Geografia e do geógrafo diante da tarefa dos saberes de dissecar o real estrutural do mundo e do Brasil. É mestre em Geografia pela Universidade Federal do Rio de Janeiro (UFRJ) e doutor em Geografia Humana pela Universidade de São Paulo (USP). Autor de diversos artigos e livros na área, publicou pela Editora Contexto *Para onde vai o pensamento geográfico?*, *Pensar e ser em geografia*, *O pensamento geográfico brasileiro vol. 1 – as matrizes clássicas originais*, *O pensamento geográfico brasileiro vol. 2 – as matrizes da renovação* e *O pensamento geográfico brasileiro vol. 3 – as matrizes brasileiras*.